図解 思わずだれかに話したくなる

身近にあふれる「元素」が3時間でわかる本

編著 左巻 健男
著 元素学たん

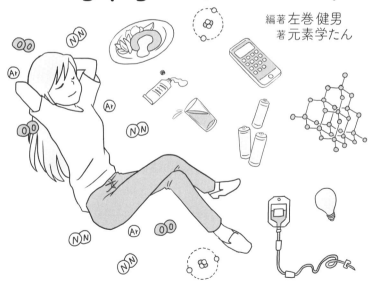

読者の皆さんへ

　元素を知ることは、私たちのまわりの物質だけではなく、宇宙の物質までその〈おおもと〉を知ることになります。

　人類が知的に物事を考えるようになったとき、もっとも根本的な疑問は、「宇宙を含めたこの世界は究極的には何からできているのか？」というものでした。この疑問から世界をつくっている〈おおもと〉としての元素を探し求めることになりました。長い時間が流れて、元素の実体は、それぞれの元素に対応した原子であることがわかってきました。

　本書は、第1章で、元素の実体の原子の成り立ち、元素をすべてまとめた元素の周期表について基本的なことを学び、第2章で、ビッグバンから始まる宇宙の成り立ちと元素、地球をつくる元素を見ていきます。私たちと縁遠いように思えますが、実は、私たちは宇宙で生成した元素からできている「星の子」ですから、考えようによってはもっとも身近な話なのです。

　私たちの身のまわりのものは、すべて物質でできています。

私たちの体も、着ている衣類も、生きるために必要な食べ物も、水も空気も、物質です。身のまわりには、金属、陶磁器やガラスやプラスチックなど、さまざまな物質があります。

それらすべての物質をつくる基本的な成分が元素です。元素はひと言で言えば原子の種類と考えてかまいません。

物質には、名前がついているもので1億種類をはるかに超えていますが、それらの莫大な種類の物質をつくっている元素は、現在118種類が知られています。それらは、元素の周期表にまとめられていますが、そのうち天然に存在するのは約90種類にすぎません。

ちょっと難しいかもしれませんが、第1章の元素の基本から頑張って読んでみてください。簡単にまとめてありますが、長いあいだの科学者たちの物質探究から得られた知的成果です。

私が書いた元素についての近著は2019年に書いた『面白くて眠れなくなる元素』（PHP研究所）でした。これは、原子番号順にひとつひとつの元素を解説したものです。

一方本書は趣を変えて、身のまわりの物質がどんな元素からできているかを書いてみようと思いました。

本書は、原子番号順にひとつひとつの元素を解説するのでは

なく、身のまわりの物質はどんな元素からできているかを楽しんでみようと思ったのです。

　私たちの祖先が古代に出会った元素の話から、現在の便利で豊かな生活を支えている元素の話など、意外と知らない話、わくわくする話などがあることでしょう。

　本書は私がこれまでに書いた元素の本と差別化するために、若き化学の探究者である元素学たんさんとの共著にしました。ツイッターの彼の投稿から学ぶことが多く、彼の元素のセンスを本書にいかしてもらおうと思ったのです。お互いに意見交換をしながら原稿を仕上げていきました。こうしてできあがってみると彼との共著で本書はとてもよいものになったと思いました。

　では、元素の世界を一緒に楽しみましょう！

2021 年 4 月　左巻健男

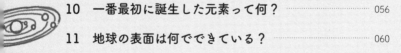

第3章 「人類史」にあふれる元素

第4章 「事故・事件」にあふれる元素

第5章 「キッチン・食卓」にあふれる元素

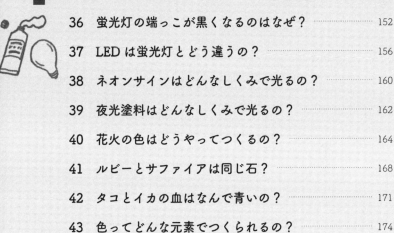

第8章 「先端技術」にあふれる元素

装丁・挿画　　　末吉 喜美

図版　　　　　　石山 沙蘭

周期表

族／周期	1	2	3	4	5	6	7	8	9
1	1 H 水素								
2	3 Li リチウム	4 Be ベリリウム							
3	11 Na ナトリウム	12 Mg マグネシウム							
4	19 K カリウム	20 Ca カルシウム	21 Sc スカンジウム	22 Ti チタン	23 V バナジウム	24 Cr クロム	25 Mn マンガン	26 Fe 鉄	27 Co コバルト
5	37 Rb ルビジウム	38 Sr ストロンチウム	39 Y イットリウム	40 Zr ジルコニウム	41 Nb ニオブ	42 Mo モリブデン	43 Tc テクネチウム	44 Ru ルテニウム	45 Rh ロジウム
6	55 Cs セシウム	56 Ba バリウム	57〜71 ランタノイド	72 Hf ハフニウム	73 Ta タンタル	74 W タングステン	75 Re レニウム	76 Os オスミウム	77 Ir イリジウム
7	87 Fr フランシウム	88 Ra ラジウム	89〜103 アクチノイド	104 Rf ラザホージウム	105 Db ドブニウム	106 Sg シーボーギウム	107 Bh ボーリウム	108 Hs ハッシウム	109 Mt マイトネリウム

背景のマーク
気体　液体　固体　形状不明

ランタノイド	57 La ランタン	58 Ce セリウム	59 Pr プラセオジム	60 Nd ネオジム	61 Pm プロメチウム	62 Sm サマリウム

アクチノイド	89 Ac アクチニウム	90 Th トリウム	91 Pa プロトアクチニウム	92 U ウラン	93 Np ネプツニウム	94 Pu プルトニウム

（文部科学省『一家に1枚周期表』をもとに作成）

10	11	12	13	14	15	16	17	18
								2 **He** ヘリウム
			5 **B** ホウ素	6 **C** 炭素	7 **N** 窒素	8 **O** 酸素	9 **F** フッ素	10 **Ne** ネオン
			13 **Al** アルミニウム	14 **Si** ケイ素	15 **P** リン	16 **S** 硫黄	17 **Cl** 塩素	18 **Ar** アルゴン
28 **Ni** ニッケル	29 **Cu** 銅	30 **Zn** 亜鉛	31 **Ga** ガリウム	32 **Ge** ゲルマニウム	33 **As** ヒ素	34 **Se** セレン	35 **Br** 臭素	36 **Kr** クリプトン
46 **Pd** パラジウム	47 **Ag** 銀	48 **Cd** カドミウム	49 **In** インジウム	50 **Sn** スズ	51 **Sb** アンチモン	52 **Te** テルル	53 **I** ヨウ素	54 **Xe** キセノン
78 **Pt** 白金	79 **Au** 金	80 **Hg** 水銀	81 **Tl** タリウム	82 **Pb** 鉛	83 **Bi** ビスマス	84 **Po** ポロニウム	85 **At** アスタチン	86 **Rn** ラドン
110 **Ds** ダームスタチウム	111 **Rg** レントゲニウム	112 **Cn** コペルニシウム	113 **Nh** ニホニウム	114 **Fl** フレロビウム	115 **Mc** モスコビウム	116 **Lv** リバモリウム	117 **Ts** テネシン	118 **Og** オガネソン

63	64	65	66	67	68	69	70	71
Eu ユウロピウム	**Gd** ガドリニウム	**Tb** テルビウム	**Dy** ジスプロシウム	**Ho** ホルミウム	**Er** エルビウム	**Tm** ツリウム	**Yb** イッテルビウム	**Lu** ルテチウム

95	96	97	98	99	100	101	102	103
Am アメリシウム	**Cm** キュリウム	**Bk** バークリウム	**Cf** カリホルニウム	**Es** アインスタイニウム	**Fm** フェルミウム	**Md** メンデレビウム	**No** ノーベリウム	**Lr** ローレンシウム

第 1 章

元素の基本を
理解しよう！

01 元素のルーツは「水」だった?

古来「万物の〈もと〉になるものとは何か?」が考えられてきました。それが元素です。古代ギリシアの哲人たちが世界をどう読み解こうとしていたのか、まずはそこから見ていきましょう。

■ 万物の〈おおもと〉って何?

今から2千数百年前の古代ギリシアでは、哲学者たちが、この世界が何によってできているのか、その〈おおもと〉について疑問をもっていました。

「万物は、ひとつあるいはいくつかの種類の〈おおもと〉、すなわち元素からできている」と考えたのです。

「七賢人の一人」とされる哲学者タレス[*1]は、**水を元素とし、万物は水からでき、また水に戻る**と述べました。

「万物は、その形こそ千差万別だが、ただ1つの根源物質(元素)からできており、この根源物質は新しく生まれてこないし、なくなりもしない(不生不滅)で、それが形を変えて自然の事象として現れる、この根源物質こそ水である」と考えたのです[*2]。

その後、同じく哲学者の**エンペドクレス**[*3]は、「万物は1つの元素からではなく、複数の元素からできているのだ」として、火・空気・水・土を万物の元素と考え、「**四元素説**」を唱えました。

木を熱すると、**火**となって燃え、**空気**(風)を生じ、**水**(湿気)ができ、**土**(灰)を残します。この事実は、木がその成分である火、

---

*1 古代ギリシアの哲学者(紀元前624-546年頃)。記録に残る最古の哲学者で「哲学の祖」と呼ばれる。万物の原理を水に求め、他の一切の事物は水より生じると説いた。

*2 タレスの元素〈水〉は、いわゆる飲料水ではない。水は固体、液体、気体の状態のあいだを行き来して休むことなく変化し、姿を変え、やがてまたはじめの姿に戻っていく。

空気、水、土の4成分に分かれたことを示しているというのです。

■アトムと原子論

そんな時代に、物は粒子からできていると考えた人たちも現れました。「空っぽの空間（真空）を原子が互いに結びついたりばらばらになったりする激しい動きに満ちた世界」をイメージしたのです。

万物をつくる〈おおもと〉は、無数の粒になっていて、一粒一粒は壊れることがないと考え、ギリシア語の「壊れないもの」から「**アトム**」（原子）と呼ぶことにしました。

万物は「原子が組み合わされることでつくられていて、火、空気、水、土も例外ではない」と考えたのです。このような万物が原子からできているという理論を「**原子論**」といいます。

■アリストテレスと4元素

その後**アリストテレス***4 は、物質は4つの基本的な元素「火、空気、水、土」から成り立ち、**いくらでも細かく分けることができる**と考えました。そのうえで、この4元素がもつ性質に「**熱・冷**」「**乾き・湿り**」の二対の相反する性質をあげ、その組み合わせが万物を作っていると考えました。

たとえば鍋に水を入れて火にかけると、火の性質の1つの「熱」は、水の性質のひとつである「湿り」と一緒に「空気」

---

*3　古代ギリシアの哲学者（紀元前 490-430 年頃）。
*4　古代ギリシア最大の哲学者（紀元前 384-322 年）。欧州では 19 世紀まで影響を与え続け、彼の思想は多くの点でキリスト教会に利用され、神格化されて祭り上げられた。

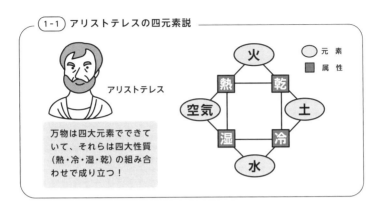

1-1 アリストテレスの四元素説

アリストテレス

万物は四大元素でできて
いて、それらは四大性質
（熱・冷・湿・乾）の組み合
わせで成り立つ！

○ 元　素
■ 属　性

火

熱　　乾

空気　　　　土

湿　　冷

水

になって立ち上るし、水が蒸発してしまうと、火の性質の「乾き」と水の性質の「冷」と一緒になると土になる、というわけです。原子論は忘れ去られ、アリストテレスの四元素説が長いあいだ支配的になりました。

■ 元素の定義

　17世紀にはイギリスのボイル＊5 が、元素は「**いかなる手段によっても成分に分けることのできない物質**」と定義しました。実験にもとづいた定義をおこなったのが特徴です。

　ボイルの定義によれば、元素は4つでは収まりません。たとえばボイルの主張後、フランスの化学者ラヴォアジエ＊6 は1789年の著作『化学原論』に、当時見つかっていた33種類の元素をまとめています。いくつかの誤り＊7 も含まれていましたが、多くは今でも元素として認められています。

＊5　ロバート・ボイル (1627-1691年)。温度が一定の場合、気体の体積は圧力に反比例する「ボイルの法則」の発見者。「近代化学の祖」とされる。

＊6　アントワーヌ・ラヴォアジエ (1743-1794年)。「質量保存の法則」の発見者。フランス革命で処刑される。

＊7　熱（カロリック）と光をはじめ、石灰などいくつかの化合物を元素にしていた。

長いあいだ忘れられていた原子論がしだいに復活し、19世紀の
はじめにドルトンの原子説が登場したことで、元素の考えと原
子論とが結びつきました。

■ ドルトンの原子説

1803〜1808年にイギリスの**ドルトン**[1]が「物質は原子か
らできている」という**原子説**を発表し、原子の相対的な重さ
である「原子量」を提案しました。

原子説では、それぞれの元素に対応した固有の性質をもつ原
子を考えていました。同一元素に属する原子は、すべての点
で同じである、つまり、元素の数だけ原子があることになりま
す。ドルトンの原子説とは次ページのようなものです。

ドルトンの原子説および原子量の提案がきっかけで、その後
100年の長きにわたって原子量の探究がくり広げられました。

とくにイタリアの**アボガドロ**[2]が「水素、酸素などの気体
はそれぞれの原子が2個結びついた分子からできている」と
いう**分子説**を提案したこと、新しい元素が続々と発見されて
いったこと、元素が周期表に整理されたこと、原子の内部構
造がわかってきたことなどで原子がどのようなものかがはっ
きりしていきました。

---

[1] ジョン・ドルトン（1766-1844年）。彼の原子説のおかげで、質量保存の法則や定比例
の法則も説明がつくようになった。

[2] アメデオ・アボガドロ（1776-1856年）。同一圧力、同一温度、同一体積のすべての種
類の気体には同じ数の分子が含まれるとする「アボガドロの法則」の発見者。

2-1　ドルトンの原子説

ジョン・ドルトン

- すべての物質は原子と呼ばれるごく小さな粒子の集まりでできている
- 原子は、それ以上分割できない最小の粒子だ*3
- 原子は、化学変化において消滅したり、新たに生成されたりすることがない
- 同じ元素の原子は、質量や大きさなどが等しく、違う元素の原子は、質量や大きさなどが異なる

2-2　原子の特徴

①原子はそれ以上分割することができない

②原子は種類によって質量や大きさが決まっている

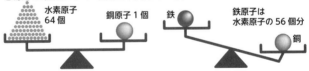

水素原子64個　銅原子1個　鉄　鉄原子は水素原子の56個分　銅

③原子は化学変化で他の種類の原子に変わったり、なくなったり、新しくできたりすることはない

＊3　今ではこれは誤りで、原子核と電子、さらには中性子やクオークが発見されている。

■原子の内部はどうなっている?

　現在知られている元素は118種です。それらの元素をつくる原子はすべて、その中心にある原子核と、そのまわりにある何個かの電子からできています[*4]。まわりの電子の数は、原子の種類によって異なります。たとえば水素 **H** は1個、ヘリウム **He** は2個、炭素 **C** は6個、酸素 **O** は8個です。

　また、原子核は正電気をもち、電子は負電気をもっていて、原子全体としては電気的に中性になっています。水素の原子核は陽子だけですが、一般の原子核は陽子と中性子（陽子とほとんど等しい質量だが電気をもっていない）からできています。つまり、原子核のもつ正電気は陽子がもっています。

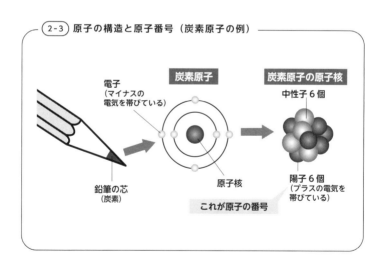

(2-3) 原子の構造と原子番号（炭素原子の例）

電子
（マイナスの
電気を帯びている）

炭素原子

炭素原子の原子核

中性子 6 個

鉛筆の芯
（炭素）

原子核

これが原子の番号

陽子 6 個
（プラスの電気を
帯びている）

---

　*4　原子はおおよそ1億分の1cm程度の大きさで、中心にある原子核はさらにその10万分の1程度の大きさ。まわりにある電子は非常に小さく、質量で考えると水素原子核の約1800分の1ほど。よって原子の質量は大半を原子核の質量が占めている。

03 原子はどうやって区別するの?

原子の構造が明らかになってくると、原子どうしを区別するためには何が重要かがはっきりしてきました。とくに原子核の陽子の数が重要であり、その数を原子番号と呼んでいます。

■原子番号と質量数

原子の原子核がもっている陽子の数と、まわりにある電子の数とは等しいので、原子核のなかにある**陽子の数で原子の種類を表わす**ことができます。

原子のもつ**陽子の数を原子番号**といいます。たとえば、ヘリウム **He** の原子番号は 2、炭素 **C** は 6、酸素 **O** は 8 です。

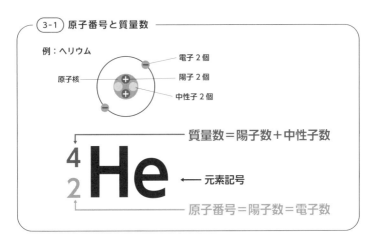

3-1 原子番号と質量数

例：ヘリウム

電子 2 個
原子核
陽子 2 個
中性子 2 個

質量数＝陽子数＋中性子数

$$^4_2He$$

← 元素記号

原子番号＝陽子数＝電子数

原子の質量は、電子は陽子と中性子よりもずっと軽いので、原子核の陽子の数と中性子の数とによって決まります。そこで、陽子の数と中性子の数との和を「質量数」といいます。

■ 陽子数が同じで中性子数が違う同位体

同じ元素とされているもののなかに、実は何種類かの原子核が違うものが含まれている場合があります。

同じ元素で原子核が違うものとは、原子核の陽子の数（＝電子の数）は同じですが、中性子の数が違っています。それらを**同位体**といいます（同位元素ともいいます）。

たとえば、天然に存在するウラン **U** には、陽子の数が同じなのに、中性子の数が違う同位体として 3 種類あります。陽子数はどれも 92 個ですが、中性子数は 142 個のもの、143 個のもの、146 個のものがあります。区別するために、質量数（陽子数＋中性子数）をつけて**ウラン 234**、**ウラン 235**、**ウラン 238** と呼んだりします。

同様に原子番号 1 番目の水素 **H** には原子核が陽子 1 個の**軽水素**、陽子 1 個と中性子 1 個の**重水素**、陽子 1 個と中性子 2 個の**トリチウム**があります。

ふつうの水のなかにも、わずかながら重水素からできた水が含まれています。区別するときには軽水 H_2O に対し重水 D_2O といいます。

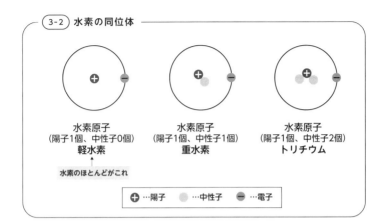

3-2 水素の同位体

水素原子
（陽子1個、中性子0個）
軽水素

水素のほとんどがこれ

水素原子
（陽子1個、中性子1個）
重水素

水素原子
（陽子1個、中性子2個）
トリチウム

➕…陽子　⚪…中性子　➖…電子

■原子量とは？

原子があるかどうかもわかっていなかった時代、科学者たちは想像力と実験事実をもとに、原子の質量を決めていきました。

その方法は、「どれかひとつの原子の質量を標準に取ったとき、他の原子はその標準の原子と比べて何倍になるか（相対質量）」というものでした。このようにして基準をもとに比べた（相対的な）原子の質量を**原子量**といいます。

標準の原子として、最初は一番軽い水素原子を1とし、次に酸素を16としていましたが、現在（1962年以降）では「**質量数12の炭素原子の質量を12**」としています。

元素の各同位体の相対質量に存在比をかけて求めた平均値を元素の原子量といいます。原子量は相対質量なので単位はなく、元素ごとに決まっています。たとえば、天然に存在す

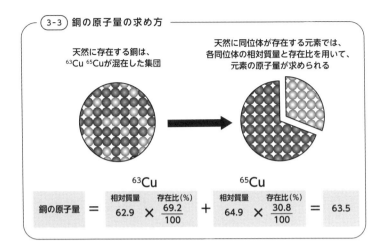

3-3　銅の原子量の求め方

天然に存在する銅は、
^{63}Cu ^{65}Cuが混在した集団

天然に同位体が存在する元素では、
各同位体の相対質量と存在比を用いて、
元素の原子量が求められる

^{63}Cu　　　　　　　　^{65}Cu

銅の原子量 = 相対質量 62.9 × 存在比(%) $\dfrac{69.2}{100}$ + 相対質量 64.9 × 存在比(%) $\dfrac{30.8}{100}$ = 63.5

る銅は、^{63}Cu（相対質量 62.9）が 69.2% と、^{65}Cu（相対質量 64.9）が 30.8% 混ざったもので、上のように銅の原子量は 63.5 になります。

■ **安定同位体と放射性同位体**

　同位体には、放射能をもっていない安定同位体と、放射能をもっている放射性同位体があります。

　放射能とは、放射線を出す性質や能力です。たとえば、炭素には、自然界に 3 種類の同位体、炭素 12、炭素 13、炭素 14 が存在しています[1]。このうち、炭素 12 と炭素 13 は**安定同位体**で、炭素 14 は**放射性同位体**です。放射性同位体は放射線を出しながら、自然に他の原子核に変わっていきます[2]。

---

[1]　それぞれの存在比は、炭素 12（^{12}C）が 98.93%、炭素 13（^{13}C）が 1.07%、炭素 14（^{14}C）がごく微量となっている。

[2]　放射線には、主にアルファ線（2 個の陽子と 2 個の中性子とがかたく結合した粒子の流れ）、ベータ線（原子核の中から飛び出した電子の流れ）、ガンマ線（エネルギーの高い電磁波）がある。

「カルシウムってどんなもの？」への答えは、その言葉で何をイメージするかで変わります。たとえば色について、「白色」と答える人と「銀色」と答える人がいます。

■ 単体と化合物

　物質は、大きく「純粋な物質」と「混合物」に分けられます。
　純粋な物質には、単体と化合物とがあります。水素 H_2 や酸素 O_2 のように 1 種類の元素からなるのが「単体」で、水のように 2 種類以上の元素からなるのが「化合物」です。

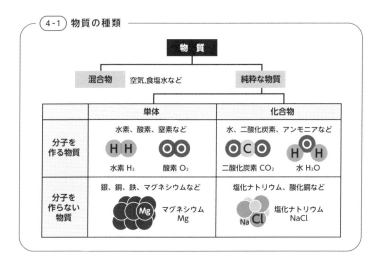

4-1　物質の種類

	単体	化合物
分子を作る物質	水素、酸素、窒素など 水素 H_2　酸素 O_2	水、二酸化炭素、アンモニアなど 二酸化炭素 CO_2　水 H_2O
分子を作らない物質	銀、銅、鉄、マグネシウムなど マグネシウム Mg	塩化ナトリウム、酸化銅など 塩化ナトリウム $NaCl$

物質 → 混合物（空気,食塩水など）／純粋な物質

水が電気分解で水素と酸素に分解できるように、化合物は別の物質に分解できます。しかし、単体は分解することができません。物質をつくっている原子から見ると、単体は1種類の原子からできており、化合物は2種類以上の原子が結びついてできています。

■同素体

　ダイヤモンドと黒鉛は、ともに炭素Cのみからなる単体です。しかしその性質は異なっていて、ダイヤモンドは透明で硬く、電気を通しませんが、黒鉛は黒色で光沢があり、電気をよく

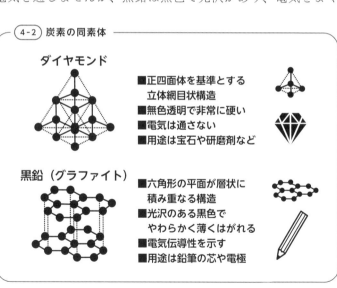

（4-2）炭素の同素体

ダイヤモンド
- ■正四面体を基準とする立体網目状構造
- ■無色透明で非常に硬い
- ■電気は通さない
- ■用途は宝石や研磨剤など

黒鉛（グラファイト）
- ■六角形の平面が層状に積み重なる構造
- ■光沢のある黒色でやわらかく薄くはがれる
- ■電気伝導性を示す
- ■用途は鉛筆の芯や電極

通します。

　このように、同じ元素からできていても性質が異なる単体が存在することがあり、こうした単体を互いに**同素体である**[*1]といいます。

■「カルシウム」や「バリウム」は化合物

　同じ元素名をいわれても、それが単体を指す場合と化合物を指す場合があります。

　たとえば、「小魚にはカルシウムがいっぱい」と言われることを考えてみましょう。小魚は骨まで食べられるので骨の成分元素のカルシウムがとれるということです。

　単体のカルシウム Ca は、金属で、銀色をしています。 しかも単体のカルシウムは水に出合うと水素ガスを発生しながら溶けていくなど化学的に反応性が高く、**自然界には単体で存在していません。**

　そう考えると、骨は単体のカルシウムではなさそうです。

　実は**骨はカルシウムとリン P と酸素の化合物**（リン酸カルシウム）です。中心の元素がカルシウムなので、代表で「カルシウム」と呼

カルシウム　　リン　　酸素

んでいるのです。

バリウム **Ba** も同様です。「胃のレントゲン検査のときにバリウムを飲んだ」という場合、もしこのバリウムが単体なら銀色の金属でカルシウムと同じように水と出合うと水素ガスを発生しながら溶けていきます。それに体内で吸収されると毒性を生じます。

実は胃のレントゲン検査のときに飲む「バリウム」は、**硫酸バリウム**です。硫酸バリウムは白色で水に溶けません。水に溶けないので粉末を水と混ぜるだけで乳濁液になり、人体に吸収されにくいことからＸ線検査（レントゲン）の造影剤に使われています[*2]。ここでも、硫酸バリウムの中心の元素がバリウムなので、代表で「バリウム」と呼んでいます。

実際には元素はいまだ曖昧に使われています。

たとえば「酸素」と言ったときに、元素の酸素の意味なのか、オゾンと区別する単体の意味なのか、酸素分子なのか、それとも酸素原子のことなのかは、文章のなかで推測するしかないのです。

（4-3）酸素の同素体には O_2 と O_3 がある

酸素原子 O　　　　**酸素分子 O_2**　　　　**オゾン O_3**

[*2] 硫酸バリウム以外のほとんどのバリウム化合物は毒性が強い。

新発見の元素の種類が増えてくると、とくに原子量と元素のあいだに何らかの関係があるのではないかと考えられるようになり、ついには周期表が提案されました。

■元素を体系的に整理したメンデレーエフ

発見された元素の種類が増えてくると、科学者たちは元素がその性質によって仲間分けできるのではないかと考えました。

メンデレーエフ[1]もその一人で、当時発見されていた63種の元素を体系的に整理する必要性を感じました[2]。

彼は、元素1種についてカード1枚に元素の名前と原子量と化学的性質を書き込み、原子量の順に何度も並べかえてみました。化学的性質が似たものが縦に並ぶような表（周期表）にまとめたのです。

メンデレーエフが発表した論文には、**左上から縦に原子量が多くなる順に並び、横に化学的性質が似た元素が並んでいました。**

彼の考えた周期表のすぐれた点は、この並び順に合う元素が存在しないところを空所のままにしていたことです（空所には未発見の元素が

メンデレーエフ

---

* 1　ドミトリ・イヴァーノヴィチ・メンデレーエフ（1834-1907年）。ロシアの化学者。
　　 101番元素メンデレビウムは彼の名にちなんだもの。
* 2　32歳で大学教授に任命され教鞭をとっていたときのこと。

入るはずだとして、その原子量や性質までも予言しました)。

　さらに彼が指摘したもうひとつの規則性は、それぞれの原子が別の原子と結合するための手の数（原子価という）が、横の段はみな同じで、縦の列は上から規則正しく 1、2、3、4、3、2、1 と並ぶという点でした。

　このようなメンデレーエフの周期表にも多くの例外はあり、すぐにはなかなか認めてもらえませんでした。しかし、新しい元素が発見されるたびに、彼の予言の正しさが証明され、やがて誰もがこの周期表を信頼するようになりました。

　たとえば、当時ケイ素 **Si** の下にあるべき性質の元素がまだ見つかっていなかったので、そこに仮の元素名「エカケイ素」を当てはめました。その後、エカケイ素とされていた元素の性質をもった**ゲルマニウム Ge** が発見されたのです。

5-1　予言された「エカケイ素」の存在

	エカケイ素 Es	ゲルマニウム Ge
原子量	72	72.64
密度（g/cm³）	5.5	5.32
融点（℃）	高い	973
酸化物	EsO_2	GeO_2
塩化物	$EsCl_2$	$GeCl_2$

ゲルマニウムが発見されたことで予言が的中！

■ 周期表のしくみ

周期表は、メンデレーエフの時代から表し方が改善されてきて、現在では元素を原子量の順ではなく、原子番号（原子核の陽子の数）の順に並べています。両者はほぼ同じですが、原子量が逆転しているところがあります。

そのうち、天然に存在する原子番号が一番大きい元素は**92番のウランU**です。原子番号が93番以上の元素や43番のテクネチウム**Tc**、61番のプロメチウム**Pm**は天然には存在せず、人工的に合成された元素です[*3]。

周期表の同じ縦の列にある元素のグループを**族**といいます。族は周期表の左から1族、2族と数え、全部で18族あります。同じ族にある元素のグループを**同族元素**と呼びます。

周期表の横の列は**周期**といいます。周期は周期表の上から第1周期、第2周期と数え、全部で7周期あります。

周期表の1族、2族、12族から18族にある元素を**典型元素**、3族から11族にある元素を**遷移元素**[*4]と呼びます。典型元素には金属元素と非金属元素があります。遷移元素はすべて金属元素です。

同族元素どうしを比べるとよく似た性質を示します。たとえば1族にある元素は、単体で反応性の高い非常に軽い金属となる**金属元素**です。

18族の元素は**貴ガス**元素といい、単体で化学的に安定な気体となる**非金属元素**です。

---

*3 現在でも新しい元素の合成が続いている。
*4 原子の最外殻電子の数が1または2でほとんど変化しないため、周期表で左右に隣り合う元素どうしでも、よく似た性質を示すことが多い。なお、12族を含めることもある。

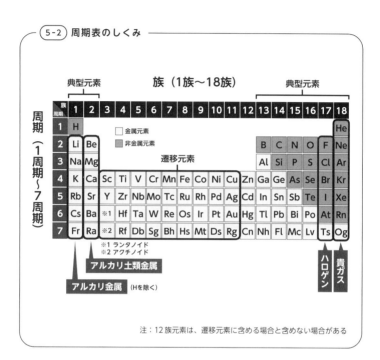

■ 1族の元素（Hを除く）：アルカリ金属

水素 **H** 以外の１族元素はアルカリ金属と呼ばれます。

アルカリ金属の単体はいずれも軽い金属で、常温で水と反応して水素を発生し、その水溶液は強い**アルカリ性**を示します*5。

■ 2族の元素：アルカリ土類金属

２族元素はアルカリ土類金属と呼ばれます。

＊5　$2Na$［ナトリウム］$+ 2H_2O$［水］$\rightarrow H_2$［水素］$+ 2NaOH$［水酸化ナトリウム］

アルカリ土類金属は、かつてはベリリウム **Be** とマグネシウム **Mg** を除いていましたが、現在は2族全体を指すようになりました。

アルカリ土類金属の単体はいずれも軽い金属で、常温で水と反応して水素を発生し、そのときできた水酸化物の水溶液は**アルカリ性**を示します[6]。ベリリウムとマグネシウムの水酸化物は弱アルカリ性を、カルシウム以下の水酸化物は強アルカリ性を示します。

■ 17族の元素：ハロゲン

フッ素 **F**、塩素 **Cl**、臭素 **Br**、ヨウ素 **I** などの元素をハロゲンと呼びます。ハロゲンという呼び名は、金属元素と結びついて塩（えん）をつくりやすいのでギリシア語で**ハロ**（塩という意味）と**ゲン**（つくるという意味）を組み合わせたものからきています。

ハロゲンの単体は2原子分子からなり、反応性に富み、多くの元素と直接反応して塩化物などのハロゲン化物をつくります。

ハロゲンの単体はいずれも有毒です。塩素は刺激臭のある黄緑色の気体で、水道水の殺菌および漂白などに多量に用いられるほか、いろいろな化合物をつくります。塩素は塩酸や次亜塩素酸ナトリウムなどの多数の無機化合物、農薬・医薬・ポリ塩化ビニルなどの有機塩素化合物の製造原料に用いられています。

■ 18族の元素：貴ガス

周期表は、18族の貴ガス元素[7]が埋まることで完成しました。

---

* 6　$2Ca$［カルシウム］$+ 2H_2O$［水］$\rightarrow H_2$［水素］$+ 2Ca(OH)_2$［水酸化カルシウム］
* 7　かつてはわが国では「レア ガス」から希ガスと呼ばれるのがふつうだった。現在は「ノーブル ガス」から貴ガスと呼ばれるようになった。

貴ガスで最初に発見されたのは**アルゴン Ar** で、1894 年のことでした。アルゴンは空気中に 1%近く含まれているのに、他の物質と反応しないので容易に姿を現さなかったのです[8]。そこで、「はたらかない元素」ということで、ギリシア語の「怠け者」からアルゴンと命名されたといわれています。貴ガスの発見に寄与したイギリスのラムゼー[9]とレイリー[10]は、1904 年にそれぞれノーベル化学賞、ノーベル物理学賞を受賞しました。

　ヘリウム He は北アメリカの天然炭化水素ガスのなかにやや多く含まれ、7〜8%に達することもあります。ヘリウムは水素に次いで軽く、かつ不燃性なので気球用ガスとして用いられます。

　気体になっている物質は、そのほとんどが、原子が 2 個以上結合した分子が基本となっています。しかし、貴ガスは、他の原子と結合しないで、常にひとつの原子だけ、つまり**単原子分子**として存在しています。

　貴ガスは沸点、融点が低く、原子量の小さいものほど低くなります。化学的に極めて不活性なことから、**不活性気体**ともいわれます。

　それでも**キセノン Xe** は、非常に陰性の強い（電子を奪い取る能力が高い）フッ素 **F** などと作用してキセノン化合物をつくり、クリプトン **Kr** 化合物やラドン **Rn** の化合物もつくられています。

　アルゴン、ネオン **Ne**、ヘリウムについてはふつうの意味での化合物は得られていません。

---

[8] 空気よりも 1.4 倍重く、無色、無味、無臭の単原子ガス。
[9] ウィリアム・ラムゼー（1852-1916 年）。
[10] 第 3 代レイリー男爵ジョン・ウィリアム・ストラット（1842-1919 年）。レイリー卿として知られる。

06 元素の8割以上は「金属」

> 周期表に並んでいる118種類の元素は、大きく金属元素と非金属元素に分けることができます。金属元素のみによってできた金属には3つの特徴があります。

■ 金属元素からだけでできた金属という物質

金属元素は、118種類の元素のうち、8割以上を占めます。

金属元素の原子はたくさん集まると「金属」という物質になります。

この金属の単体は、水銀だけが常温で液体で、その他の金属の単体は常温で固体です。

金属には次のような三大特徴があります。

① 金属光沢（銀色や金色などの独特のつや）をもつ
② 電気や熱をよく伝える
③ たたけば広がり、引っぱれば延びる

ですから見ただけでも「これは金属だろう」とわかります。

金属光沢は、金属が光をほとんど反射してしまうので出てくる性質です。

カルシウム Ca やバリウム Ba も金属元素です。カルシウムやバリウムの単体は銀色の金属光沢をもつ金属です。

1 金属光沢

2 電気や熱を よく伝える

3 たたくと、 板状に薄く広がる

ex. 1gの金は3kmの線に延ばすことができる。
また、1㎡の金箔をつくることができる。

金1g

1m × 1m　1㎡

1円玉
(1g)　金1g

3kmの線

金属かどうか悩んだら、他の2つの性質があるかどうか調べればいいことになります。②の性質は、電池と豆電球でつくった簡単な道具で調べられます。③の性質は、たたいても粉々にならないということです。

　金属元素は2種類以上の金属、炭素 **C** やケイ素 **Si** を混ぜて熱すると、均一に溶け合って**合金**になりやすいという性質もあります。

　うまく成分の配合を調整して合金をつくると、**元の成分の金属にはなかったすぐれた性質をもつ**ものをつくることができます。

(6-2) **さまざまな合金**

ホワイトゴールド

▶ **18金** …… 金：75%・ニッケルまたはパラジウム：25% の合金
▶ **14金** …… 金：58.33% で、残り約 41.66% は、ニッケル・パラジウム・銅・亜鉛の合金

白銅 …… 銅とニッケル 10%~30% 含む合金

青銅 …… 銅：60%~65%・亜鉛：25%~30%・鉛：5%~10%・スズ：5%~10% の合金

黄銅（真鍮） …… 銅：60%~70%・亜鉛：30%~40% の合金

ステンレス鋼 …… 鉄にクロムを 10.5% 以上含有させた合金

ジュラルミン …… アルミニウムと銅・マグネシウムの合金

はんだ …… スズ 60% と鉛 40% のヤニ（活性ロジン）入りが用いられる

金属の利用の歴史は、その金属を鉱石から取りだす難しさに大いに関係しています。金属状態の金、銀、銅といったものも産出しますが、金属は多くの場合、**酸化物**[*1]、**硫化物**[*2] の形で産出しています。これらの化合物の結合が強いほど鉱物から金属を取りだすことは難しくなります。**金 Au**、**銀 Ag**、**銅 Cu**、そして**鉄 Fe** が古くから知られ、続いて**鉛 Pb**、**スズ Sn**、より下って**亜鉛 Zn**、さらに近世になって**アルミニウム Al** が取りだされるようになったのは、この結合力の強弱によっています。

■ 金属のイオン化傾向

　金属の単体は、水や水溶液に接すると他に電子を与え、自分自身は陽イオンになろうとする傾向があります。この傾向の順番を金属のイオン化傾向といいます。

　古代に知られていた金属は、**イオン化傾向が比較的小さいか非常に小さい、つまりイオンになりにくい金属**です。

　金属はイオンになると陽イオンになります。陽イオンは陰イオンと一緒になって化合物となります。イオン化傾向が小さいと単体で存在しやすいし、化合物でもイオンから原子になりやすく単体にしやすいのです。

　アルミニウムのようなイオン化傾向が大きい金属はアルミニウムイオンで存在していて、しかも酸素のイオン（酸化物イオン）と強く結合していて取りだすことは困難でした。

---

*1　酸素と別の元素が組み合わさった化合物。酸素はほとんどすべての元素と酸化物を生成する。
*2　硫黄とそれよりも陽性の元素との化合物の総称。

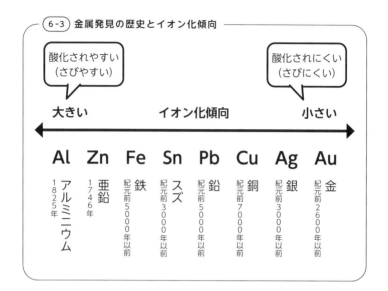

(6-3) 金属発見の歴史とイオン化傾向

酸化されやすい
（さびやすい）

酸化されにくい
（さびにくい）

大きい **イオン化傾向** **小さい**

Al	Zn	Fe	Sn	Pb	Cu	Ag	Au
アルミニウム	亜鉛	鉄	スズ	鉛	銅	銀	金
1825年	1746年	紀元前5000年以前	紀元前3000年以前	紀元前5000年以前	紀元前7000年以前	紀元前3000年以前	紀元前2600年以前

■非金属元素は少ないのに物質の大部分はその化合物

非金属元素は、とくに炭素 **C** が重要です。現在、何億種類もの物質があると考えられていますが、**そのほとんどが炭素を中心にした化合物**（有機物）です[*3]。つまり、**物質のほとんどが非金属元素でできている**のです。

酸素 [O_2] は反応性に富み、多くの元素と化合して酸化物をつくります。地球大気の約21％は酸素で、多くの生物は、空気中の酸素または水に溶けた酸素を体内に取り入れて生命活動を維持しています[*4]。

[*3] 炭素を含んだ物質を「有機物」、それ以外の物質を「無機物」というが例外もある。

[*4] 酸素元素 [O] は、海中では水 [H_2O] として、岩石中では二酸化ケイ素 [SiO_2] などの化合物として存在し、地球表面でもっとも多く存在する元素。

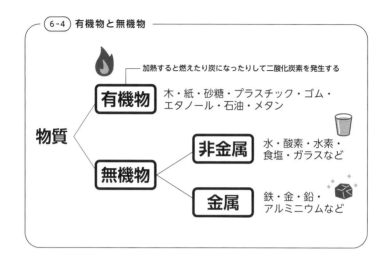

6-4 有機物と無機物

加熱すると燃えたり炭になったりして二酸化炭素を発生する

有機物　木・紙・砂糖・プラスチック・ゴム・エタノール・石油・メタン

物質

無機物

非金属　水・酸素・水素・食塩・ガラスなど

金属　鉄・金・鉛・アルミニウムなど

　酸化しやすい食べ物やカビがはえやすいお菓子類には、酸化やカビを防ぐために、よく脱酸素剤が入っています。この脱酸素剤は鉄の微粉末で、酸素と結合して袋のなかの空気から酸素を除き、そのため酸化による変質などを防ぐことができます。

　非金属元素の単体の多くは、分子からなり、固体では分子からなる結晶をつくります。常温（25℃付近）では、水素 H、窒素 N、酸素 O、フッ素 F、塩素 Cl などは気体、臭素 Br は液体、ヨウ素 I、リン P、硫黄 S などは固体として存在します。炭素やケイ素 Si の単体は、巨大分子からなる結晶であり、高い融点をもちます。

　貴ガス元素の単体は、常温では気体で単原子分子（1個の原子が分子としてふるまう）として存在します。

07 貴ガス元素の電子配置と化学結合

数ある元素のうち、化学的にもっとも安定しているのが貴ガスです。その電子配置や原子と原子の結びつき、イオンとイオン結合などについて見てみましょう。

■ 電子殻と電子配置

電子殻は、原子核に近い内側から順に、K殻、L殻、M殻、N殻、……といい、それぞれの電子殻に入ることのできる電子の数は制限されています（K、L、M、N殻の順に2、8、18、32です）。

原子は原子番号と同じ数の電子をもちますが、これらは内側の電子殻から順に入っていきます。たとえば、原子番号3のリチウム原子の電子3個のうち、2個はK殻に入ります。K殻

7-1 電子殻と電子配置

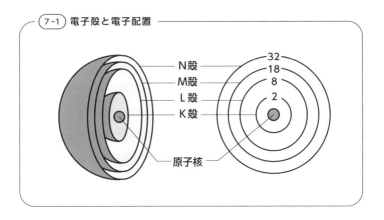

N殻 ―― 32
M殻 ―― 18
L殻 ―― 8
K殻 ―― 2

原子核

には最大2個までしか入れないので、3個めの電子は次のL殻に入ります。

　電子の電子殻への配置を**電子配置**といい、電子の入っているもっとも外側の電子殻を**最外殻**といいます。最外殻の電子の数は、原子がイオンになったり、他の原子と結合したりするときに重要な役割をします[1]。

■貴ガス元素の原子の電子配置

　ヘリウム **He**、ネオン **Ne**、アルゴン **Ar**、クリプトン **Kr** など、非常に化合物をつくりにくい**貴ガス**元素の原子の電子配置を見ると、最外殻の電子はヘリウムで2個、ネオン、アルゴン、クリプトンなどでは8個になっています。

　このことから、原子は電子配置がヘリウムやネオンのように**最外殻が電子でいっぱいになっている**か、アルゴンやクリプトンのように**最外殻の電子が8個になる**と安定となり、他の原子と結合をつくりにくくなることがわかります。

　また、単体は沸点や融点が非常に低く、常温でいずれも気体です。化学的に安定で、化合物をつくりにくい特徴があります。

■典型元素の電子配置と周期表

　周期表のなかで、1、2、12、13、14、15、16、17、18族の**典型元素**では、縦の同族元素の原子の最外殻の電子の数は等しくなっています。そして、よく似た化学的性質を示します。

---

[1]　電子は内側の電子殻にあるほど安定で原子から離れにくく、エネルギーが低くなる（エネルギーが低いほど電子は安定する）。

最外殻の 電子数	1	2	3	4	5	6	7	8
電子 配置	(1+) H							(2+) He
電子 配置	(3+) Li	(4+) Be	(5+) B	(6+) C	(7+) N	(8+) O	(9+) F	(10+) Ne
電子 配置	(11+) Na	(12+) Mg	(13+) Al	(14+) Si	(15+) P	(16+) S	(17+) Cl	(18+) Ar

模式図の同心円は、内側から順に、K殻、L殻、M殻を示している

元　素	電子殻			
	K殻	L殻	M殻	N殻
$_2$He	2			
$_{10}$Ne	2	8		
$_{18}$Ar	2	8	8	
$_{36}$Kr	2	8	18	8

▨ の中の数字は最外殻の電子の数を表す

1族のアルカリ金属元素（水素を除く）は、1個しかない最外殻電子を失うと1価の陽イオンになり、18族の貴ガスと同じ電子配置になります。

　2族のアルカリ土類金属元素は、最外殻電子が2個でその電子を失うと2価の陽イオンになり、貴ガスと同じ電子配置になります。

　17族のハロゲン元素は、最外殻電子が7個で1個の電子を得ると1価の陰イオンになります。

■イオンとイオン結合

　イオンは正または負の電荷（物質が帯びている静電気の量）をもった原子や原子の集まり（原子団）のことです。

　原子は、正電荷をもった原子核と負電荷をもった電子からなります。原子や原子の集まりである原子団は、正電荷数と負電荷数とが同じで、全体としては電気的にプラスマイナス0、つまり中性です。

　電気的に中性の原子や原子団において負電荷をもった電子を失えば、正電荷数が負電荷数より大きくなるので**陽イオン**に、逆に電子を得れば正電荷数が負電荷数より小さくなるので**陰イオン**になります。

　たとえば、ナトリウム原子 **Na** から最外殻の電子1個を失って（電子を欲しい相手に渡して）**ナトリウムイオン**になり、塩素原子 **Cl** は最外殻に電子1個を得て（電子をあげたい相手からもらって）

塩化物イオン*2 になります。

　陽イオンと陰イオンが電気的に引き合ってできる結合を**イオン結合**といい、それでできる結晶を**イオン結晶**といいます（塩化ナトリウムはナトリウムイオンと塩化物イオンからなるイオン結晶）。

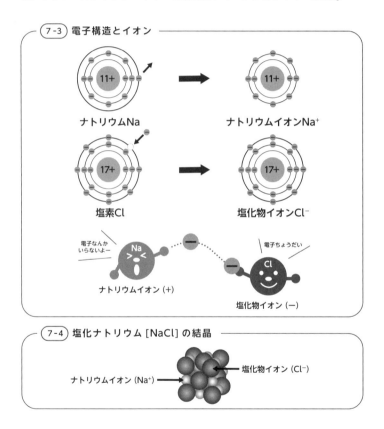

7-3 電子構造とイオン

ナトリウムNa

ナトリウムイオンNa⁺

塩素Cl

塩化物イオンCl⁻

電子なんかいらないよー

Na

ナトリウムイオン (+)

電子ちょうだい

Cl

塩化物イオン (−)

7-4 塩化ナトリウム [NaCl] の結晶

ナトリウムイオン (Na⁺)

塩化物イオン (Cl⁻)

---

*2　陽イオンの名前は元素名にイオンをつける。塩素の陰イオンの名前は、塩素イオンとすると塩素の陽イオンのことになるので、塩化物イオンと呼ぶ。酸素の陰イオンは酸化物イオン、硫黄の陰イオンは硫化物イオンと呼ぶ。

■分子と共有結合

　酸素 **O**、窒素 **N** などの単体や、水、二酸化炭素などの化合物は、原子が何個か結びついた集団である**分子**を基本としています。

　二酸化炭素は炭素原子 **C** 1個と酸素原子 **O** 2個が結合した**二酸化炭素分子**、水は酸素原子 1個と水素原子 **H** 2個が結合した**水分子**からできています。そのときお互いの電子を出し合って共有し、それぞれの原子が貴ガスの電子配置となる**共有結合**をしています。もっともシンプルな水素分子で、共有結合を見てみましょう。水素原子は K 殻に電子が 1個。2つの水素原子が近づいて、それぞれの水素原子が電子を 1個ずつ提供してそれぞれの水素原子が電子を 2個ずつ共有します[*3]。それぞれの水素原子がヘリウムと似た電子配置になります。

　水分子では、酸素原子のペアを作っていない 2個の電子[*4]と、水素原子 2つのそれぞれの 1個の電子で共有結合を作ります。水素原子はヘリウム、酸素原子はネオンと同じ電子配置になります。

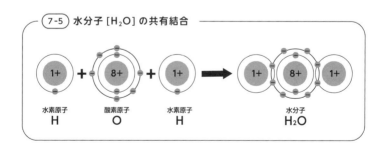

　7-5　**水分子 [H_2O] の共有結合**

水素原子　　酸素原子　　水素原子　　　　　水分子
H　　　　　O　　　　　H　　　　　　H_2O

[*3]　ペアをつくっていない最外殻の電子（価電子）が共有されてできた価電子のペア（対）を共有電子対という。

[*4]　酸素原子の最外殻電子は L 殻に 6 個。L 殻には電子が入る部屋が 4 つある。まず 4 つの部屋に 1 個ずつ入り、残りの 2 個は 1 個ずつ 2 つの部屋に入る。部屋に 1 個の電子が水素原子の電子と共有電子対をつくる。

08 元素はいつ発見されたの？

自然界にある約90種の元素のうち、その3分の2が18世紀後半から19世紀末のあいだに発見されています。20世紀以降には加速器で人工的に合成された元素が増えていきました。

■ 古代に知られていた元素

族周期	1	2	3	4	5	6	7	8	9	10	11	12	13	14	15	16	17	18
1	H																	He
2	Li	Be											B	C	N	O	F	Ne
3	Na	Mg											Al	Si	P	S	Cl	Ar
4	K	Ca	Sc	Ti	V	Cr	Mn	Fe	Co	Ni	Cu	Zn	Ga	Ge	As	Se	Br	Kr
5	Rb	Sr	Y	Zr	Nb	Mo	Tc	Ru	Rh	Pd	Ag	Cd	In	Sn	Sb	Te	I	Xe
6	Cs	Ba	※1	Hf	Ta	W	Re	Os	Ir	Pt	Au	Hg	Tl	Pb	Bi	Po	At	Rn
7	Fr	Ra	※2	Rf	Db	Sg	Bh	Hs	Mt	Ds	Rg	Cn	Nh	Fl	Mc	Lv	Ts	Og

このうち炭素 C と硫黄 S 以外が金属ですが、金 Au、銀 Ag、銅 Cu、水銀 Hg は自然金など金属単体として存在していました。

水銀と硫黄は錬金術のメイン元素となりました。

鉄 Fe は宇宙から飛来した隕鉄がありましたが、鉄鉱石や砂鉄から鉄づくりをするようになりました。

■ 17世紀までに発見された元素

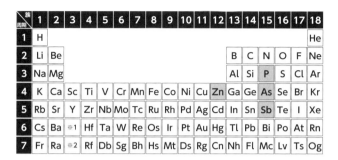

　リン**P**は錬金術師の**ブラント**が、1669年、人間の尿を加熱・濃縮させて黄色い石を得ました。夜青白く光り、少し熱しただけで白い煙を出したかと思うと、パッと赤い炎を出して燃え始めました。黄リン（白リン）の発見です。

■ 18世紀までに発見された元素

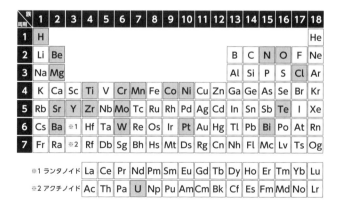

■ 19世紀までに発見された元素

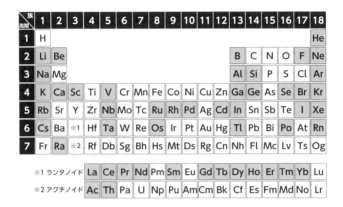

　電気分解で化合物から元素（単体）を分離する技術や化学分析法など検出技術の向上、新しい鉱物の発見などもあって元素は増えていきました。

　たとえば、イギリスの**デービー**（1778-1829年）はボルタ電池を使った電気分解で様々な新元素を発見しました。カリウム**K**は1807年、溶融した水酸化カリウムの電気分解で、ナトリウム**Na**は、溶融した水酸化ナトリウムの電気分解で単離しました。1808年にはカルシウム**Ca**を発見しました。

■ 20世紀までに発見された元素

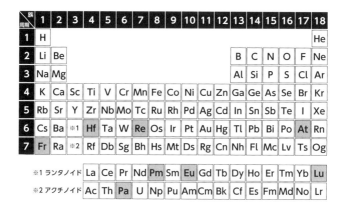

　以上は**天然に存在する90種の元素**についてです。20世紀以降には加速器で人工的に合成された元素が増えていきますが、ここには取り上げていません。

09 人工元素はどうやってつくるの？

> 電子や陽子などの粒子を光の速度近くまで加速して高いエネルギーの状態を作りだす「加速器」を使い、加速した粒子で原子をたたくと原子が変換されます。人工元素の誕生です。

■ アジア初人工元素「ニホニウム」

新元素は IUPAC（国際純正・応用化学連合）で存在が認定されると、発見者に命名権が与えられます。

113 番元素が最初に合成されたのは、2004 年のことでした。**亜鉛 Zn**（原子番号＝陽子数＝ 30 個）の原子核と、**ビスマス Bi**（原子番号＝陽子数＝ 83 個）の原子核を衝突させ、原子核を融合させれば、113 番元素が、計算上はできあがります。

難しいのは原子核の大きさが 1 兆分の 1 cm とあまりにも小さくほとんど衝突しないこと、たとえ衝突したとしても原子核が融合する確率が 100 兆分の 1 と大変小さいことです。

ビスマスを的（まと）にして、大量の亜鉛原子核を猛スピードで当て続けるしかありません。

2003 年 9 月に実験を開始し、日夜加速器で光の速さの 10% にまで上げた亜鉛ビームを当て続け、翌年の 2004 年 7 月 23 日に、やっと 1 個の合成が確認されました。「確認」とはたった 1 個の 113 番元素が、アルファ線を出しながら別の元素に崩壊[*1]していくのを追跡したということです。翌年 4 月 2 日

[*1] 不安定な原子核が放射線を出すことで他の安定な原子核に変化する現象。

に2個目を確認しました。

　理化学研究所のグループは、さらに決定的な証拠をつかもうと実験を続けて、2012年8月12日には3個目を発見、しかも前とは違う新しい崩壊の過程を確認しました。

　理化学研究所の研究チームは113番元素そのものを作りだし、それが既知の元素へと崩壊する過程を詳細に確認していたことで、2015年12月に元素の命名権が認定され、**ニホニウム Nh** と命名されたのです。**アジア初の快挙**です。

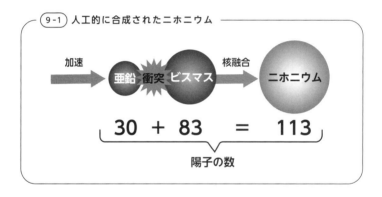

9-1　人工的に合成されたニホニウム

加速　→　亜鉛　衝突　ビスマス　核融合　→　ニホニウム

30 ＋ 83 ＝ 113

陽子の数

■ **人工元素をつくる試み**

　ふつうの化学変化では、原子は他の原子と結びついたりして、その組み合わせが変わっても原子核そのものが他の原子核に変わることはありません。

　天然に存在する元素は原子番号92番のウランUまでですが、

それ以降の原子番号の元素も元素周期表に載っています。原子番号 93 番以降の元素は、原子核にアルファ粒子、陽子、重水素、中性子などをぶつけて、異なった原子核（超ウラン原子核）を作りだしたものです。

　原子番号 43 番の**テクネチウム Tc** も、人工的に合成された元素です。カリフォルニア大学の加速器で、水素の原子核に中性子が加わった重水素をモリブデンに照射する実験がおこなわれました。原子番号 42 のモリブデン **Mo** には陽子が 42 個あります。モリブデンの原子核が陽子を 1 個取り込めば、陽子が 43 個ある原子番号 43 の未知の物質がつくれるはずだと考えられたのです。

　そして 1937 年、ついにそれは実現しました。この元素は、**人工的につくられた最初の元素**ということで、ギリシア語の「人工」の意味から、テクネチウムと名づけられました。

　これ以降、加速器を使ってたくさんの元素がつくられるようになりました。

　原子番号 61 の**プロメチウム Pm** や 92 のウランより原子番号の大きい元素はほとんど自然界には存在しない人工元素で、すべて**放射性** * 2 です。

　現在でも新しい元素の合成が続いています。具体的に、わが国を含めて、119 番、120 番の合成に挑戦中です。

＊2　放射能をもつこと。放っておいても自分で放射線を出して、別の原子に変わってしまう性質をもつこと。

第 2 章

「宇宙・地球」にあふれる元素

10 一番最初に誕生した元素って何？

元素合成は、約 138 億年前の「ビッグバン」のあと、すぐに始まりました。やがて恒星や超新星爆発が元素合成の舞台になり、私たち人間もそこで生まれた元素からできています。

■ すべての始まりは「ビッグバン」

今から 138 億年前*1、宇宙の始まりは目に見えないほどの小さな超高温・超高密度の火の玉のような状態でした。それが爆発し、すさまじい速さで膨張して空間が広がっていきました。この爆発は**ビッグバン**と呼ばれます。

ビッグバンによって宇宙が生まれた一瞬後、**クオーク**という陽子や中性子をつくるさらに細かな素粒子が誕生します。クオークはあちこちで生まれたり、消滅したりしながら、そこらじゅうで集まったりしていました。

宇宙誕生から 0.0001 秒ほどたって温度が下がると、クオークが集まって**陽子**や**中性子**ができ、水素の**原子核**（陽子 1 個）の他にヘリウム（陽子 2 個と中性子 2 個）の原子核がつくられました。

原子核だけの状態が約 38 万年間続きましたが、原子核は周囲を飛び回っていた電子を捕まえて、最初の元素である**水素 H**と**ヘリウム He** ができました。

それまでは、飛び交う電子に光がぶつかってまっすぐ進めず、宇宙は「電子の雲」におおわれた状態でしたが、元素が

---

*1 アメリカ航空宇宙局 (NASA) が打ち上げた宇宙探査機 WMAP の観測により、宇宙の誕生は「137 億年前」が定説だったが、2013 年 3 月に宇宙望遠鏡プランクの観測から、138 億年前であるという解析結果が発表された。

できると光がまっすぐ進むようになりました。宇宙は透明になったのです。これを**宇宙の晴れ上がり**といいます。

■ 次の舞台は太陽のような「恒星」

宇宙の誕生から数億年がたち、しだいに宇宙は冷えていきました。

第2段階はその水素とヘリウムが集まってできた太陽のような**恒星**が舞台でした。恒星の内部で**核融合**が始まり、それによって水素はヘリウムになり、水素がなくなると巨大にふくらんでいきます。その後、ヘリウムも核融合を起こし、**炭素 C**、**窒素 N**、**酸素 O** など、より重い元素が生まれていきます。さらに星の爆発により元素は宇宙に放出されていきました。それらは新たな星の材料となり、恒星内部で核融合がくり返されていきました。

やがてもっとも重い星で酸素や**ネオン Ne**、**ケイ素 Si**、**硫黄 S** なども核融合を起こし、最後には**鉄 Fe** ができました。

ここまでに誕生する元素は**鉄までの 26 種類**でした。

■ 最後の舞台は「超新星爆発」

金やウランなど鉄より重い元素の合成には、次のステップが必要です。

質量が太陽の 10 倍以上ある恒星は、赤色超巨星になった後に**超新星爆発**が起きて吹き飛びます。この超新星爆発が元素

の合成の第3段階の有力候補です。超新星爆発のエネルギーによって、鉄より重い元素が合成されます。爆発で、星の内部にあった元素や新たに生まれた重い元素が、宇宙空間にばらまかれます。わが地球も、私たち人間も、こうしてばらまかれた元素でつくられています。

■ 宇宙の元素存在度

宇宙の元素存在度とは、宇宙に元素がどのくらいの割合で入っているかを示したものです。恒星からの光のスペクトル分析や隕石の分析などをもとに求めます。

宇宙全体の元素存在度では水素がもっとも多く（71%）、ヘリウム（27%）、酸素、ネオン、炭素、窒素、ケイ素の順です。宇宙ははじめにできた元素である水素とヘリウムで合計98%を占めるのです[2]。

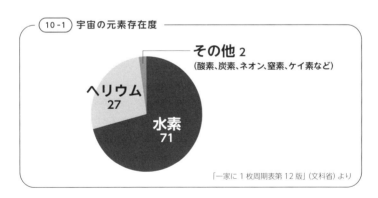

（10-1）宇宙の元素存在度

その他 2
（酸素、炭素、ネオン、窒素、ケイ素など）

ヘリウム
27

水素
71

「一家に1枚周期表第12版」（文科省）より

---

[2] 宇宙は見えない何か（ダークエネルギー69%、ダークマター26%）で満たされていて、ここでいう元素は、全体の5%以下だと考えられている。ダークマターは、まだ知られていない素粒子(物質を形づくったりする一番小さな粒のこと)が候補と考えられているが、具体的にはよくわかっていない。世界中の研究者たちが探している。

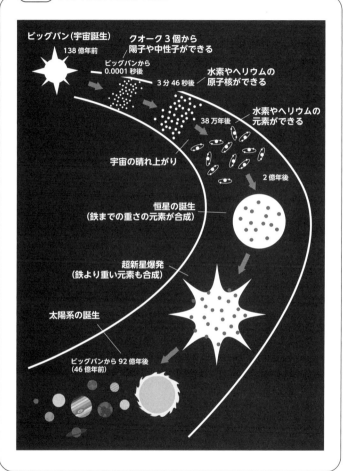

11 地球の表面は何でできている？

地球は、大きく地殻、マントル、核の3つからなります。地殻は
地表にある薄い部分で、岩石でできています。もっとも多く含ま
れているのは酸素とケイ素で、この2つで4分の3を占めます。

■ 地殻は地球の表面にある岩石の薄い層

　地球は半径約 6400 km のとても大きな球です。地球の内部
はゆで卵のように層状になっていると考えられており、卵の
「カラ」が地球でいうと**地殻**、「白身」は**マントル**、「黄身」は
核に当たります。

　卵の白身はプルンプルンしていますが、地球のマントルも弾
性（はずむ性質）があると考えられています。ただし、ゆで卵と

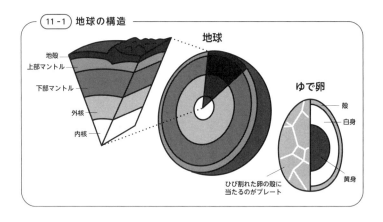

(11-1) 地球の構造

地球

ゆで卵

地殻
上部マントル
下部マントル
外核
内核

ひび割れた卵の殻に
当たるのがプレート

殻
白身

黄身

地球が違うのは、ゆで卵の黄身＝地球の核が内核と外核という2つの層に分かれていることです。**外核**は液体なのに、地球の芯に当たる**内核**は固体のようなのです。地殻は、地球全体から見ると非常に薄いものです。まさに卵のカラのようです。

■ 地殻の厚さは地震波の伝わり方で決めた

ユーゴスラビア（現クロアチア）の地震学者モホロビチッチは、1909年にバルカン半島で起きた地震を調べ、地下で地震波の伝わり方が違っていることを見いだしました。ある深さで地震波の速さが急に大きくなる、つまり、地下に地震波の伝わり方が「遅い層」と「速い層」があるからだと考えました。このことはバルカン半島だけではなく地球規模で確認されました。

そこで、地震波の伝わり方が遅い層を地殻、速い層をマントルと呼ぶようになり、その境界は**モホロビチッチ不連続面**（略してモホ面）と名づけられました。

地殻の厚さは場所によって異なっています。これは地球とゆで卵の違いです。卵のカラの厚さはどこでも同じようですが、地球の地殻の厚さは地球のいたるところで違っています。とくに大陸と海とではその差は10倍に達することがあります[*1]。

岩石の種類や構造も大きく違っています。大陸の地殻の上部は主に**花崗岩質の岩石**から、大陸地殻の下部と海洋の地殻は主に**玄武岩質の岩石**からできていると考えられています。

---

* 1 大陸では厚く30〜50kmぐらい、海では薄く5〜10kmぐらい。

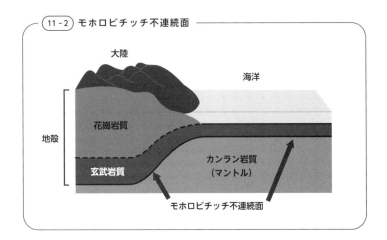

11 - 2　モホロビチッチ不連続面

大陸

海洋

花崗岩質

地殻

玄武岩質

カンラン岩質
（マントル）

モホロビチッチ不連続面

■ 地殻をつくる元素

　地殻はどんな物質からできているのでしょうか。

　花崗岩をつくる主な物質の化学組成は、重量％で、二酸化ケイ素 72.2％、酸化アルミニウム 14.6％、酸化カリウム 4.50％などです[2]。

　玄武岩（深海底）では、二酸化ケイ素 50.68、酸化アルミニウム 15.60％、酸化カルシウム 11.44％、酸化鉄（FeO）9.85％、酸化マグネシウム 7.69％などです[3]。

　花崗岩と玄武岩では、二酸化ケイ素と酸化アルミニウムはともに 1、2 位ですが、他の物質は順位や重量％が岩石によって違います。マグマからできる岩石である火成岩（かせいがん）には他にも種類があります。地殻のなかの岩石の分布を調べたり推定した

＊2　ほかに酸化ナトリウム 2.90％、酸化鉄 2.40％、酸化カルシウム 1.70％、酸化マグネシウム 1.00％、酸化チタン 0.30％（国立天文台編『理科年表』2020 年版参照）。

＊3　ほかに酸化ナトリウム 2.66％、酸化チタン 1.49％、酸化カリウム 0.17％、酸化リン 0.12％（国立天文台編『理科年表』2020 年版参照）。

りして、地殻全体の元素の存在度を推定します。

　地殻を構成する元素のうち、上位の元素は、酸素 O、ケイ素 Si、アルミニウム Al、鉄 Fe、カルシウム Ca、ナトリウム Na、カリウム K、マグネシウム Mg だけで全体のほとんど 98％を占めています[*4]。とくに第一位の酸素は地殻の約半分(49.5 重量%)を占めています。私たちの住む地殻は、まさに**酸素圏**なのです。

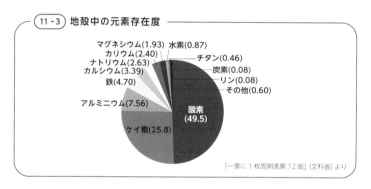

11 - 3　地殻中の元素存在度

マグネシウム(1.93)　水素(0.87)
カリウム(2.40)
ナトリウム(2.63)　チタン(0.46)
カルシウム(3.39)　炭素(0.08)
鉄(4.70)　リン(0.08)
　その他(0.60)
アルミニウム(7.56)
ケイ素(25.8)
酸素(49.5)

「一家に1枚周期表第12版」(文科省)より

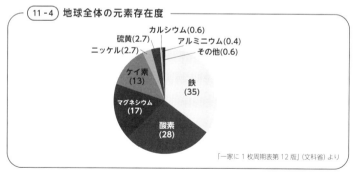

11 - 4　地球全体の元素存在度

カルシウム(0.6)
硫黄(2.7)　アルミニウム(0.4)
ニッケル(2.7)　その他(0.6)
ケイ素(13)　鉄(35)
マグネシウム(17)
酸素(28)

「一家に1枚周期表第12版」(文科省)より

＊4　数値は推定値であり、調査したサンプルや調査法により異なる。

12 地球の内部はどうなっている？

地球の中心の核やマントルは、私たちの足元なのに人類が到達していない未知の世界です。それでもさまざまな方法で核やマントルがどんな元素でできているかが推測されています。

■ マントルまで穴を掘って岩石を取りたい！

地球の内部はいったいどうなっているのでしょうか。

地球の中心まで穴を掘ればよいと考えるかもしれませんが、地面を掘っていくと、はじめは土でも、やがて岩盤にぶつかり、簡単に掘り進めることができません。

これまでの最深掘削記録は、旧ソ連がコラ半島で深さ約12km程度まで掘ったもので、マントルにも到達していないのです。

それでも、マントルの物質について、その上部に限っていえば、少しわかってきました。マントルの深さ300kmくらいまで**カンラン岩**でできていると考えられています[1]。

今後期待できる取り組みに、2005年7月に完成した地球深部探査船「ちきゅう」があります。「ちきゅう」は世界最高の掘削能力(海底下7000m)をもちます。海底下の大深部まで掘削し、今まで人類が到達できなかったマントルのサンプルを採取することが「ちきゅう」がつくられた最大の目標です。人類史上初の快挙を成し遂げることを期待したいです。

---

[1] ダイヤモンドが形成された「キンバーライトパイプ」と呼ばれる鉱床のおかげでわかってきた。キンバーライトは200〜300kmも下の非常に深いところで起こった大爆発により地表に向けて超スピードで上がってきたのち冷えたマグマは、ダイヤモンド原石を含んだ「キンバーライト」という鉱物になる。

■隕石の成分から地球内部の成分を推測

地球をはじめとする太陽系の惑星は、**微惑星**＊2という「星のかけら」が衝突と合体をくり返して集まってできたと考えられています。46億年前のことです＊3。

隕石には岩石でできたもの、鉄 **Fe** でできたもの、岩石と鉄が混じったものが存在します。これらは、地球などをつくった微惑星のもとになったものです。つまり、**地球の固体部分をつくっている元素は太陽系などの宇宙の固体部分をつくっている元素と同様である**ということです。

また、アポロ11号などが持ち帰った月の石の分析から、月はかつて全体がマグマでおおわれていたことがわかりました。誕生間もない地球も微惑星の絶え間ない衝突のエネルギーによる膨大な熱によって、地球全体がとけたマグマの海「**マグマオーシャン**」でおおわれたと考えられています。

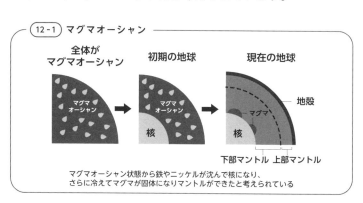

（12-1）マグマオーシャン

全体がマグマオーシャン → 初期の地球 → 現在の地球

マグマオーシャン状態から鉄やニッケルが沈んで核になり、さらに冷えてマグマが固体になりマントルができたと考えられている

＊2　太陽系が形成された初期に存在したと考えられている微小天体。現在もある小惑星や彗星とは区別される。

＊3　この年代は地球に落下してきた隕石の放射性年代測定をおこなってわかった。

■地震波で地球内部を推定

　地球は大変大きいので、当然ですが人がボンボンとたたく
くらいでは何の変化も示しません。人に代わってたたくもの、
それが「地震」です。地震波からも地球に核があると推定さ
れています。

　地球内部は深くなるにつれて温度と圧力が上がっていきま
す。地球の中心は 364 万気圧で 5500℃という超高圧高温状態
です。このような環境を実験室で再現して、そこで物質がど
んな様子かを調べています。その結果わかったことは、マグ
マオーシャンの底に沈んだ鉄などの重い元素が地球の中心へ
と沈み込んでいき、核をつくったということです。

　核には大量の鉄、それとニッケル **Ni**、不純物として硫黄 **S**、
酸素 **O**、水素 **H** などの軽元素があると推測されています。

　マントルは、二酸化ケイ素 44.9％、酸化マグネシウム 37.8％、
酸化鉄 8.05％、酸化アルミニウム 4.5％、酸化カルシウム 3.54
％などです。地殻と比べるとマグネシウム **Mg** に富んでいるこ
とがわかります。

　万有引力の法則を用いて地球の質量が計算されると、地球の
体積から地球全体の平均密度を求めることができます。その
結果は 5.51 g/cm^3 で、地殻をつくる花崗岩の密度（2.67 g/cm^3）
や玄武岩の密度（2.80 g/cm^3）の 2 倍近くになります。このこと
から、**地球のマントルや核は地殻よりもずっと大きな密度に
なっている**と推測できます。

海水と人間の成分は似ている?

宇宙から見た地球は、青い海と白い雲におおわれ、美しく輝いています。地球の表面積の約70%が海だからです。海の水は口にすると塩からいですが、それはなぜでしょうか。

■ 海水の成分

海水にはいろいろな物質が溶け込んでいますが、なかでも食塩のもとになる**ナトリウムイオン** [Na^+] と**塩化物イオン** [Cl^-] がたくさん含まれています。ふつうの海水は、1L当たり32〜38gのいろいろな物質が溶け込んでいて、その80%が食塩のもとになるナトリウムイオンと塩化物イオンです。そのため、海水をなめると塩からいのです[*1]。

さらに海水には塩類のほかに、大気の成分である酸素 **O**、窒素 **N**、二酸化炭素、アルゴン **Ar** などが溶けています。溶けている気体のうち酸素は、海洋生物の呼吸、有機物の酸化分解、海洋中の酸化還元などに関係しています。二酸化炭素は、植物の光合成による海洋の有機物生産の基礎材料です。また、海面を通じての大気との二酸化炭素交換により、大気中の二酸化炭素濃度の変化を調整する役割をもっています。

地球には天然に存在する元素(原子の種類)が約90種類ありますが、微量成分も含めるとそのほとんどが海水に含まれています。

[*1] ナトリウムイオン、塩化物イオンの次に多いのは硫酸イオン、マグネシウムイオン。なお、海水の水分を全部蒸発させると厚さ数十メートルの塩が海底をおおう計算になる。

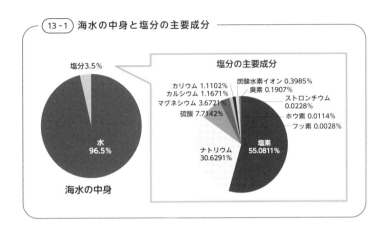

海水の中身と塩分の主要成分

塩分の主要成分

塩分3.5%

水 96.5%

海水の中身

カリウム 1.1102%
カルシウム 1.1671%
マグネシウム 3.6721%
硫酸 7.7142%

ナトリウム 30.6291%

炭酸水素イオン 0.3985%
臭素 0.1907%
ストロンチウム 0.0228%
ホウ素 0.0114%
フッ素 0.0028%

塩素 55.0811%

■ 海水と人間の成分は似ている？

　地球の歴史で最大の変化は生命の誕生です。

　まず海のなかでアミノ酸どうしが互いに反応して、しだいにタンパク質に似た化合物をつくっていきました[*2]。そして、ついには、核酸に似た分子とタンパク質に似た分子がうまく組み合って、これが油に似た化合物とタンパク質からできている袋状の小さな粒のなかに包み込まれました。自己複製ができる能力をもつ**生命の誕生**です（少なくとも35億年前）。

　原始の海で最初に誕生した生命は、人類も含めその後のすべての生命の祖先です。ならば、私たちヒトに海で生活していた頃の名残があってもよさそうです。

　海のなかで誕生した生命は、当時の海水中の**ミネラル**[*3]を体内に取り込んだはずです。

[*2]　生命の材料になるアミノ酸や核酸塩基などがどこでできて海に運び込まれたかについては、地表から、海底から、そして地球外からなど諸説ある。

[*3]　ミネラルは無機質。酸素、炭素、水素、窒素以外の元素。

右表は、人体、海水、地球表層（地殻）に含まれる元素を、含まれる量の多い順に並べたものです。人体に含まれる元素は、**リンPを除いては海水に含まれる元素とかなり共通しています**。一方地球表層と人体を比べると、鉄

FeやケイSiSiといった地球表層に多く含まれている元素が人体にはあまり含まれていません。また下表のヒトやイヌ、クラゲの体液成分を示したデータを見ると、陸地にすむ同じ哺乳類のイヌはもとより、海にすむ下等動物のクラゲや海水にもよく似ていることがわかります[4]。このように、私たちの体内には海の成分の名残があると考えられるのです。

（13-2）主要元素の存在量

順位	地球（地殻）	海水	生命（人体）
1	酸素	水素	水素
2	鉄	酸素	酸素
3	マグネシウム	塩素	炭素
4	ケイ素	ナトリウム	窒素
5	硫黄	マグネシウム	カルシウム
6	アルミニウム	硫黄	リン
7	カルシウム	カリウム	硫黄
8	ニッケル	カリウム	ナトリウム
9	クロム	炭素	カリウム
10	リン	窒素	塩素

（13-3）海水中と体液中のイオン濃度の相対比較

	Na^+	K^+	Ca^{2+}	Mg^{2+}	Cl^-
海水	100	3.61	3.91	12.1	181
クラゲ	100	5.18	4.13	11.4	186
イヌ	100	6.62	2.8	0.76	139
ヒト	100	6.75	3.10	0.70	129

*Na^+イオン濃度を100とする

---

*4　マグネシウムイオン[Mg^{2+}]を除く。

14 空気はどんな元素でできている?

常に身のまわりにあって非常に身近なのに、普段はその存在を感じないもの、それが「空気」です。私たちが生きるのに必須の空気は、いったいどんな元素からできているのでしょうか。

■乾燥空気は多い順に窒素、酸素、アルゴン

空気とは、地球の表面を包む大気の下層の部分を形づくっている気体のことで、地表から離れるにつれて薄くなり、地表から7 kmの高さでは2分の1になってしまいます。

私たちの地球は、この大気と呼ばれる気体に包まれていて、さまざまな気体が含まれています[1]。

水蒸気がない乾燥空気では、体積で窒素 N が約78%、あとは酸素 O が約21%で、この2つだけでほとんどを占めています。残りはアルゴン Ar が約1%、二酸化炭素は0.04%ほどです。

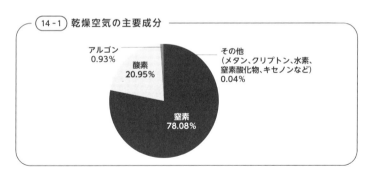

14-1 乾燥空気の主要成分

アルゴン
0.93%

酸素
20.95%

その他
(メタン、クリプトン、水素、窒素酸化物、キセノンなど)
0.04%

窒素
78.08%

---

[1] 気体の組成は、地上から40 kmくらいまではほぼ一定。

■空気は必ず水蒸気を含む

　実際の空気には必ず水蒸気が含まれています。ただし含まれている量は一定ではありません。空気が含むことができる水蒸気の最大量（飽和水蒸気量）は気温によって決まっていて、気温が高くなるほど大きくなります。

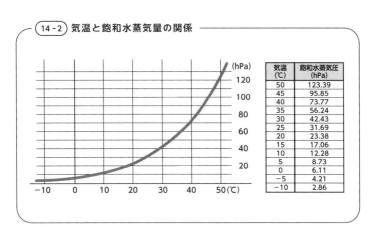

14-2 気温と飽和水蒸気量の関係

気温 (℃)	飽和水蒸気圧 (hPa)
50	123.39
45	95.85
40	73.77
35	56.24
30	42.43
25	31.69
20	23.38
15	17.06
10	12.28
5	8.73
0	6.11
−5	4.21
−10	2.86

　空気中に含まれる水蒸気の度合いが**相対湿度**（天気予報などで単に湿度ともいう）です。相対湿度は、実際に空気中に含まれている水蒸気量（1m³中何gか、つまり g/m³）が、その気温での飽和水蒸気量（g/m³）の何パーセントに当たるかで表します[*2]。

　乾燥空気の成分で体積パーセント上位4位までのなかで化合物は二酸化炭素［CO_2］だけです。そこに水蒸気［H_2O］を加えましょう。すると、空気の主要元素は、窒素、酸素、アルゴン、

---

*2　湿度（%）＝空気 1m³ 中に含まれる水蒸気量（g/m³）÷その気温での飽和水蒸気量（g/m³）× 100

水素 **H**、炭素 **C** になります。水素は水蒸気の分子に、炭素は二酸化炭素の分子に含まれています。

■ 酸素は光合成する生物がつくった

地球ができたおよそ 46 億年前、生まれたばかりの地球大気は何らかの原因で地球の重力圏外へ吹き飛ばされてしまい、その後地球内部から火山を通して地球表面に出てきた気体が大気になりました。**大気のほとんどは二酸化炭素でわずかに窒素がある程度で、酸素はありませんでした**[*3]。

地球が冷えてくると大気中の水蒸気は雨となって降り始め、やがて海ができました。その海に二酸化炭素がどんどん溶け込んでいきました。こうして、大気のなかに一番たくさんある気体は、**窒素**になりました。

海では生物が進化し、やがて海に溶け込んでいる二酸化炭素を吸収して酸素を放出する**光合成**をおこなう生物が現れました。約 25 億年前のことです。こうした生物たちのおかげで、大気中に**酸素**が増えていきました。

やがて、酸素を呼吸に使う生物が進化していきました。大気中に酸素が増えると成層圏に**オゾン層**ができ、有害な紫外線が地表に届くのを防ぐようになったのです。こうして、それまでは水のなかでしか生活できなかった生物たちが、次々に陸地へと進出し始めました。私たちが生きるために必須の酸素は、光合成をする生物が作りだしたものなのです。

---

*3　今の金星の大気と似ていた。今の金星は二酸化炭素が 98％で、残りがアルゴンと窒素。

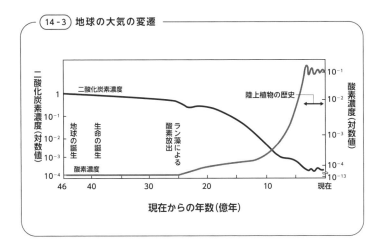

14-3 地球の大気の変遷

二酸化炭素濃度（対数値）

酸素濃度（対数値）

二酸化炭素濃度

陸上植物の歴史

地球の誕生

生命の誕生

ラン藻による酸素放出

酸素濃度

46　40　　30　　20　　10　　現在

現在からの年数（億年）

■ 意外に空気中に多いアルゴン

　大気を構成する**アルゴン**[4]は、貴ガスのなかまの無色無臭の気体です。他の物質とほとんど反応しません 。空気中には0.93％と意外に多く含まれていますが、空気中の気体としての認知度は低いようです。

　貴ガスの発見は1894年、イギリスの科学者**ラムゼー**[5]と**レイリー**によるアルゴンの発見から始まります。

　レイリーは、大気からの分離で得られた窒素が窒素化合物から得た窒素よりも密度が大きいことを発見しました。そこで大気のなかに新元素が含まれているのではないかと、ラムゼーと粘り強く実験をくり返し、空気中に1％近くも含まれるアルゴンを発見したのです。

---

[4] アルゴンは身近には白熱電球や蛍光灯に封入されている。ネオンサインでは、ネオンに少量のアルゴンを混ぜるとネオンの赤色に代わり青色や緑色に輝く。『36・蛍光灯の端っこが黒くなるのはなぜ？』『38・ネオンサインはどんなしくみで光るの？』参照。

[5] ラムゼーはアルゴンのほかにも、空気中から貴ガスのネオン、クリプトン、キセノンを発見した。『05・周期表のしくみと予言されていた元素』参照。

15 植物はどんな元素でできている?

植物も動物も細胞でできていることは共通です。同じ生物なので細胞をつくる物質や元素に共通性はありますが、違いもあります。どんな違いがあるのでしょうか。

■ 植物は光合成で得た栄養分で成長する

植物は、光合成によって二酸化炭素を固定して二酸化炭素と水から糖（ブドウ糖、デンプンやセルロースなど）を合成し、さらに合成した糖と根で吸収した無機栄養分からタンパク質、脂肪をはじめとするすべての成分を合成して成長しています。

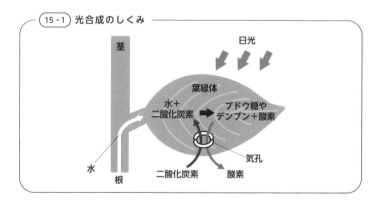

15-1 光合成のしくみ

日光

葉緑体

水+
二酸化炭素　→　ブドウ糖や
　　　　　　　　デンプン＋酸素

茎

水

根

二酸化炭素　　酸素

気孔

■ 生物に含まれる炭素の約半分はセルロース

動物細胞と植物細胞のつくりで決定的に違うのは、**細胞壁**の

有無です。植物の細胞のもっとも外側には細胞壁があり、その成分はセルロースです。セルロース量は植物体乾燥重量の3分の1から〜2分の1に達し、**地球上の生物に含まれる炭素の約半分はセルロース**であるといわれています[1]。セルロースは綿や紙などの成分として私たちにも身近な存在です。

　トウモロコシ（根・茎・葉・実全体）と私たち人間の成分例（重量%）を比較したグラフが下記になります。トウモロコシに糖が非常に多いのは、細胞壁にセルロースが多いからです。

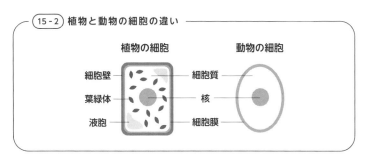

（15-2）**植物と動物の細胞の違い**

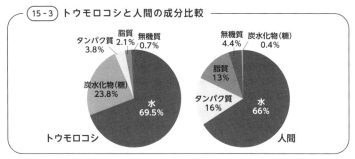

（15-3）**トウモロコシと人間の成分比較**

---

* 1　年間生産量は約1000億トンに達する。セルロースは、デンプンと同じように多数のブドウ糖が直線状に結びついた形をしているが、デンプンとはブドウ糖分子の立体構造が異なっている。

■葉緑体にはマグネシウム

植物は葉の気孔から空気中の二酸化炭素を取り入れて光合成の原料にしています。また、水は根から取り入れています。

光合成をするのは葉の細胞中にある緑色の**葉緑体**です。葉緑体のなかにはクロロフィルという色素が含まれています。クロロフィルは**マグネシウム Mg** を中心にもった複雑な構造の高分子です。

■無機栄養分を根から吸収

植物は無機栄養分を水に溶かした形で水と一緒に根から吸収して体内に取り入れています。

窒素 N はタンパク質や核酸の構成要素になり、枝や葉を茂らせます。**リン P** は遺伝情報を保存、伝達する DNA[2] をつくり、花や実のつきがよくなるとされています。**カリウム K** は細胞質に含まれ、茎や葉を丈夫にします。いずれも土のなかでは不足しがちで、肥料の三要素と呼ばれます。とくに**窒素は作物にとってもっとも不足しがち**で、そのためいろいろな窒素肥料が生産されています[3]。

窒素、リン、カリウムと合わせて、ほかにもマグネシウム、カルシウム **Ca**、硫黄 **S** の6元素が主に植物のからだをつくったり、光合成を助けたり、クロロフィルに関与したりしています。植物に不可欠な微量元素も、鉄 **Fe**、塩素 **Cl**、亜鉛 **Zn**、ホウ素 **B**、マンガン **Mn**、銅 **Cu**、モリブデン **Mo** の7種類あります。

---

* 2 デオキシリボ核酸（deoxyribonucleic acid）。
* 3 もっとも多量に生産されているのは、硫安（硫酸アンモニウム）で、このほかに、尿素や塩安（塩化アンモニウム）などがある。化学肥料は、主として肥料の三要素を、植物が吸収しやすい化合物の形で供給している。

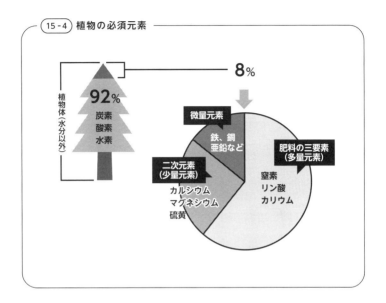

15-4 植物の必須元素

植物体（水分以外）

92% 炭素 酸素 水素

8%

微量元素
鉄、銅 亜鉛など

肥料の三要素 （多量元素）
窒素 リン酸 カリウム

二次元素 （少量元素）
カルシウム マグネシウム 硫黄

■ 植物をつくる元素

トウモロコシの成分例から植物をつくっている元素を見てみましょう。水は酸素 O と水素 H、糖は主にセルロースで炭素 C、水素、酸素、タンパク質は炭素、水素、酸素、窒素、硫黄、脂肪は炭素、水素、酸素です。

圧倒的に多いのは重量順で**炭素、酸素、水素、窒素**の４つです。次にカリウム、カルシウム、マグネシウム、リン、硫黄の順になります[4]。 鉄、塩素、亜鉛、ホウ素、マンガン、銅、モリブデンも含まれています。

＊4　部位、細胞内、生育ステージによって含有率が異なる。

16 人体はどんな元素でできている?

年齢や体型などによって違いがありますが、私たちの体は60%以上が水だといわれています。水をつくる水素と酸素以外にどのような元素が含まれているのでしょうか。

■人体をつくる物質と多量元素

人体中でもっとも多いのは水ですが、ほかに多い順で**タンパク質**、**脂肪**(脂質)、**無機物**(ミネラル)、**糖**などです。

私たちの筋肉や各器官のみならず、毛髪や爪もタンパク質からできています。さらに、生命を支えるのに重要なはたらきをしている酵素、ホルモンや抗体[*1]なども主にタンパク質からできています。タンパク質の種類は非常に多く、人で約10万種類といわれています。

タンパク質はアミノ酸がたくさんつながった構造をしています。アミノ酸は共通して炭素、水素、酸素、窒素を含みますが、硫黄を含むものもあります。

脂肪や糖は炭素、水素、酸素からできています。

無機物(ミネラル)では、とくに体重の1～2%を

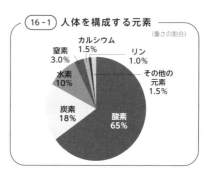

16-1 人体を構成する元素

(重さの割合)

窒素 3.0%
カルシウム 1.5%
リン 1.0%
水素 10%
その他の元素 1.5%
炭素 18%
酸素 65%

[*1] ホルモンは、体のはたらきを調整する機能をもち、抗体は体外からの侵入者を攻撃して体を守るはたらきをしている。

分類	元素名	割合	体重60kg中に含まれる量
多量元素	酸素	65%	39 kg
	炭素	18%	11 kg
	水素	10 %	6.0 kg
	窒素	3 %	1.8 kg
	カルシウム	1.5 %	900 g
	リン	1 %	600 g
少量元素	硫黄	0.25 %	150 g
	カリウム	0.2 %	120 g
	ナトリウム	0.15 %	90 g
	塩素	0.15 %	90 g
	マグネシウム	0.05 %	30 g
微量元素	鉄	ー	5.1 g
	フッ素	ー	2.6 g
	ケイ素	ー	1.7 g
	亜鉛	ー	1.7 g
	ストロンチウム	ー	0.27 g
	ルビジウム	ー	0.27 g
	臭素	ー	0.17 g
	鉛	ー	0.10 g
	マンガン	ー	86 mg
	銅	ー	68 mg
超微量元素	アルミニウム	ー	51 mg
	カドミウム	ー	43 mg
	スズ	ー	17 mg
	バリウム	ー	15 mg
	水銀	ー	11 mg
	セレン	ー	10 mg
	ヨウ素	ー	9.4 mg
	モリブデン	ー	8.6 mg
	ニッケル	ー	8.6 mg
	ホウ素	ー	8.6 mg
	クロム	ー	1.7 mg
	ヒ素	ー	1.7 mg
	コバルト	ー	1.3 mg
	バナジウム	ー	0.17 mg

注：1mg＝0.001g

占める骨と歯はリン酸カルシウムからできていますから、カルシウムとリンが多いです。そこで、人体中の必須元素を、多量元素、少量元素、微量元素、超微量元素に分けたとき、多量元素は、**酸素 O、炭素 C、水素 H、窒素 N、カルシウム Ca、リン P** になります。多量元素で **98.5%** を占めます。

■ 少量元素、微量元素、超微量元素

人間は、多量元素の 6 種類だけでは生きていけません。

少量でもよいはたらきをする、なくてはならない元素があります。それが少量元素、微量元素、超微量元素です。

少量元素は、硫黄 S、カリウム K、ナトリウム Na、塩素 Cl、マグネシウム Mg で、多量元素と少量元素で全体の 99.3 % になります。残りの 0.7% が微量元素と超微量元素です。

微量元素は極めて多くのタンパク質や酵素中に存在し、それぞれ特有の化学反応を進める触媒になったりして、重要な役割を担っています[*2]。

これらの元素は、欠乏すれば欠乏症になり、過剰に摂取すれば過剰症や中毒症状を起こすので適量の摂取が必要です。

とくに超微量な元素は、過剰に摂取するとひどい中毒を起こす物質も多いです。たとえば、福島第一原発の事故で放射性ヨウ素が放出されたとき、ヨウ素 I を含んだ消毒剤が話題になりましたが、ヨウ素自体は体重 70 kg の人でわずか 2 mg でも中毒症状を起こす一面をもっています。

[*2] たとえば鉄は微量ながら赤血球のヘモグロビン中に含まれ、酸素を各細胞に運ぶという大切な役割に関係している。鉄が欠乏すれば貧血になる。『45・タコとイカの血はなんで青いの？』参照。

第 **3** 章

「人類史」
にあふれる元素

17 「火」の活用と炭素・硫黄との出合い

人類は古くから火の技術を駆使してきました。木炭は木をむし
焼きすることで得られる主に炭素からできた燃料です。硫黄は
天然に結晶として産出するため、古くから知られていました。

■「燃焼」は人類が知ったもっとも重要な化学変化

物が燃えること、すなわち燃焼は人類が知ったもっとも古
く、重要な化学変化でしょう。

おそらく人類は、火山の噴火あるいは落雷によって山の木が
燃えだしたといった自然の火災から、燃焼という現象を発見
したのだろうと推測されます。その後、人類は木と木の摩擦、
石と石とをたたきつけることによって火を作りだす方法など
を発見しました。

火を知った人類は、明かり、暖房、調理、猛獣からの防御に
火を利用してきました。

現在、人類による最古の火の使用で確実な証拠があるのは、
約100万年前にホモ・エレクトス[*1]が使用したと考えられる
南アフリカ共和国のワンダーウェーク洞窟遺跡です。この場
所から植物の灰や焼かれた骨片が見つかっています。

火を使用した明確な証拠がたくさんあるのは、旧人のネアン
デルタール人の時代（60万年前以降）からです。ただ、ネアンデ
ルタール人がどのように火を起こしたかはわかっていません。

---

*1 更新世（約258万年前から約1万年前）に生きていたヒト科の一種。現生人類が属する
ホモ・サピエンスとの生存競争に敗れたとされている。

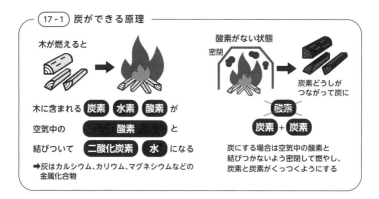

17-1 炭ができる原理

木が燃えると

木に含まれる 炭素 水素 酸素 が

空気中の 酸素 と

結びついて 二酸化炭素 水 になる

➡灰はカルシウム、カリウム、マグネシウムなどの
金属化合物

酸素がない状態

密閉

炭素どうしが
つながって炭に

酸素

炭素 + 炭素

炭にする場合は空気中の酸素と
結びつかないよう密閉して燃やし、
炭素と炭素がくっつくようにする

■ 火の技術の発展と「炭素」

人類は、まず好奇心をもって火遊びをしたりして火に接近することをくり返すなかで、火の有効性を知り、火の一時的な利用の段階から、火をたえず利用できる技術を得ていったことでしょう。

とくに炉を発明することで火をいつでも利用できるようになりました。また、火の技術の発展のなかで、木をむし焼きにして木炭をつくることも知りました。最初は地上で木を直接、あるいは土中の穴の中で炭化したことでしょう*2。

炭素Cという元素名は、近世になってからつけられましたが、少なくとも石器時代には木炭として知られていたと考えられます。

木炭は、木材より煙が少ないうえ、燃焼温度が高く、料理などの燃料に使われるとともに、鉱石から金属を取りだすため

＊2　その後、地上に木材を積み、その上を枝や樹皮、枯れ草でおおい、さらに外側を土でおおい、
排煙口を設けて炭化する方法や炭づくりの窯で炭化する方法に発展していった。

にも使われるようになりました。鉱石から銅や鉄を取りだすには木炭が不可欠で、**木炭は青銅器文明や鉄器文明を支えた重要なもの**だったのです。

■燃えやすいが燃料には使えない「硫黄」

硫黄 S は火山の噴出口などから黄色の結晶として産出するため、古代から知られていました。火をつけると青白い炎をあげ、大変燃えやすい性質ですが、燃料には不適でした。

そもそも「燃料」として使うには、発熱量が大きいことと、燃焼でできる物質を空気中に逃がしても問題がないといった条件を満たすことが必要です。

その点、硫黄は、燃焼でできる物質が**刺激臭を発する有毒な二酸化硫黄**（亜硫酸ガス）なので燃料としては使えません。

ただ、燃えると有毒な二酸化硫黄が出ることから、古代には硫黄を燃やした煙で**いぶす消毒法**として活用されたといいます。たとえば、ローマ時代より、硫黄を燃やして出る二酸化硫黄でワイン樽をいぶして微生物の汚染から守る工夫がされたり、その後も医薬や火薬として用いられたりしました。

火薬として 19 世紀の半ば頃まで使われた黒色火薬は、硝石（硝酸カリウム）、硫黄、木炭を混合したものでした。

硫黄は化学的に活性の高い元素で、金や白金以外の金属と硫化物をつくります。硫黄は水銀とともに錬金術の時代に重要な物質でした[*3]。

[*3] 錬金術は、古代から 17 世紀までの 2000 年近くのあいだ栄え、鉛などの卑金属を金などの貴金属に転換しようとする試み。「あらゆる金属は硫黄と水銀によってつくられる、その 2 つの比率によって金属の性質が異なる」「硫黄と水銀を完全な比率にすれば金が得られる」と考えられた。

その輝きで人類を魅了し続ける金・銀

土砂や石のなかに美しく金色に光り輝く金を見つけた古代人は、柔らかく腐食しないことから、これを装飾品などに加工し珍重しました。銀もまた食器や装飾品に使われてきました。

■ 古代から知られていた金属は7種類

自然界にある金属で、単体で産出するのは主に**金 Au**、**銀 Ag**、**水銀 Hg**、**銅 Cu**、**白金 Pt**（プラチナ）の5種類です。

「単体で産出」とは、たとえば金が金色の金属（自然金）、銀が銀色の金属（自然銀）、銅があかがね色の金属（自然銅）として自然界で見つかるということです。

古代人はそれらを拾って集め、たたいてくっつけ大きなかたまりにしたり、広げたり、削ったり、加熱して融かしたりして加工しました。

自然銅を採り尽くしても孔雀石や藍銅鉱などの銅の鉱石から銅を取りだしました。また、スズ石というスズ **Sn** の鉱石、方鉛鉱という鉛の鉱石、砂鉄や鉄鉱石から金属を取りだしました。火の技術、木炭の活用によってです。

こうして、古代に金、銀、水銀、銅、鉛、スズ、鉄 **Fe** の7種類の金属が知られていました。なお白金は古代には知られておらず、18世紀になってから発見されています[1]。

---

[1] 白金は金以上に希少な金属で、有史以来約4500トンしか生産されていない。

■ イオン化傾向

高校化学では「イオン化傾向」を学びます。

金属の単体は、水や水溶液に接すると他に電子を与え、自分自身は陽イオンになろうとする傾向があります。この傾向の順番を金属のイオン化傾向といいます。

主な金属のイオン化傾向の順（イオン化列）[*2] は次の通りです。

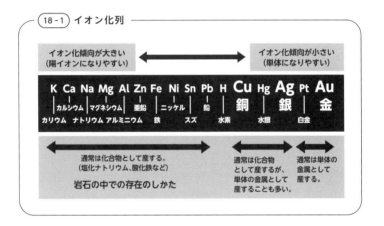

18-1 イオン化列

イオン化傾向が大きい
（陽イオンになりやすい）　←→　イオン化傾向が小さい
（単体になりやすい）

K　Ca　Na　Mg　Al　Zn　Fe　Ni　Sn　Pb　H　Cu　Hg　Ag　Pt　Au

カルシウム　マグネシウム　亜鉛　ニッケル　鉛　銅　銀　金
カリウム　ナトリウム　アルミニウム　鉄　スズ　水素　水銀　白金

通常は化合物として産する。
（塩化ナトリウム、酸化鉄など）

通常は化合物として産するが、単体の金属として産することも多い。

通常は単体の金属として産する。

岩石の中での存在のしかた

水素は金属ではありませんが、陽イオンになるので、比較のためにイオン化列に入れてあります。

このイオン化列で、より左側にある原子のほうが陽イオンになりやすい、つまり電子を失いやすい（相手に電子を与えやすい）ことになります。イオン化列は、金属原子の電子の失いやすさの順でもあり、金属の化学的な活性の高さの順でもありま

---

* 2 『06・元素の8割以上は「金属」』参照。

す。古代に知られていた金属は、イオン化傾向が比較的小さいか非常に小さい金属ということになります。

　金属はイオンになると陽イオンになります。陽イオンは陰イオンと一緒になって化合物となります。つまりイオン化傾向が小さいと単体で存在しやすく、化合物でも単体にしやすいのです。

　イオン化傾向が非常に小さい白金、金は金属状態で存在します。また、イオン化傾向が小さい銅、水銀、銀は、自然界で金属状態のものも化合物のものも存在します。

■金の産出量はオリンピック公式プール4杯分

　金の英語 gold はインド・ヨーロッパ語で「輝く」を意味する「ghel」が語源です。元素記号の **Au** はラテン語 aurum（光り輝くもの）に由来します。

　金は、文字通り金色の美しい光沢をもつ金属で、人類がもっとも古くから利用してきた金属のひとつです[3]。

　とはいえ、人類が手にしてきた金の量は、有史以来、2019年末までで、オリンピック公式プールの4杯分に当たる**約20万トン**にすぎません。2019年の鉱山からの金産出量は世界全体で3300トンで、2018年の3260トンから40トン増加しています。地球上に残る金の総量はおよそ5万トン前後とされます。今後、技術的に採掘可能な金が減少することを考えると、稀少性はますます高まっていくといえるでしょう。

---

[3]　たとえば『旧約聖書』の「創世記」にあるエデンの園の項にすでにその記載があるほか、紀元前3000年代頃、メソポタミアで都市文明を最初に生みだしたシュメール人はすぐれた金製の兜などをつくっている。またエジプトの古代遺跡や、紀元前3000年から1200年頃に栄えたエーゲ文明も金製品を多く遺している。

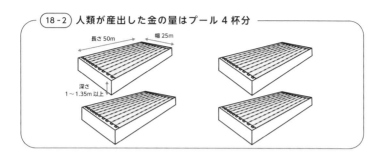

18-2 人類が産出した金の量はプール4杯分

長さ 50m　幅 25m

深さ
1〜1.35m 以上

■古代では銀のほうが高価だった

　銀は古くから知られた金属で、『旧約聖書』にも銀の取り引きの記述があります。宝飾品や銀食器、銀貨として使われてきました。

　銀は自然銀でも産出しましたが、自然金よりは少なく、鉱石から取りだす必要があったもののその方法は未発達でした。そのため、金と比べてその活用ははるかに遅く、金より希少性がありました。紀元前3600年頃のエジプトの法律によれば、金と銀の価値比は1対2.5だったといいます*4。

　その後、鉱石から銀を取りだす技術が向上してくるにしたがって、銀鉱石からの生産が増加して銀の価値は金に比べ低くなりました。

　決定的だったのは、6世紀に新大陸で大量に産出された銀でした。1545年、アンデスの高原（南米ボリビア）で発見された**ポトシ銀山**はスペイン帝国の経済をうるおし、銀貨は世界中に流通したといわれています。

＊4　古代の銀は、鉛とともに1％未満の銀が含まれていることがある方鉛鉱という鉱石から取りだした。紀元前3000年頃のエジプト、メソポタミアなどの遺跡からも鉛と一緒に発見されているが、金に比べて銀製品ははるかに少ない。

19 錬金術と毒性に翻弄された水銀・鉛

> 水銀は融点が −38.87℃と低いので、金属のなかで唯一常温で液体です。多くの金属と溶け合いアマルガムをつくります。一方の鉛も柔らかく加工が容易です。ただ、ともに毒性が問題です。

■ 常温で液体になる金属は水銀だけ

　金属のなかで唯一、**常温において液体**なのが**水銀 Hg**です[*1]。液体の自然水銀として産出し、古代からよく知られていた金属です。表面張力が強いので、こぼれると葉の上の水滴のように丸くコロコロとした状態で存在します。

　水銀は、多くの金属と**アマルガム**をつくります。アマルガムはギリシア語の「柔らかい物質」に由来し、金 **Au**、銀 **Ag**、銅 **Cu**、亜鉛 **Zn**、鉛 **Pb** など多くの金属と溶け合ってできる柔らかいペースト状の合金のことです。

　アマルガムは**加熱すると水銀だけが気化する**という性質を利用し、金属の精錬や、金メッキに使われていました。この方法は古代から 19 世紀まで用いられました。

　また、水銀と硫黄の化合物である辰砂（成分は硫化水銀）はあざやかな朱色が特徴で、中国やインドなどで古くから顔料に広く用いられてきました。古くは紀元前 1500 年頃のエジプトの墓中から発見され、日本の高松塚古墳の壁画にも使われています。

---

* 1　水銀の元素記号の Hg はラテン語の hydrargyrum（水のような銀）の略。

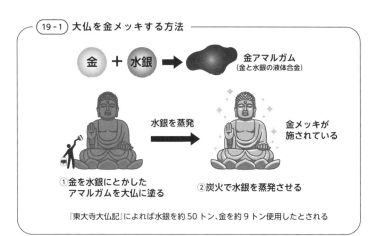

19-1 大仏を金メッキする方法

金 ＋ 水銀 → 金アマルガム
（金と水銀の液体合金）

水銀を蒸発 → 金メッキが施されている

①金を水銀にとかしたアマルガムを大仏に塗る

②炭火で水銀を蒸発させる

『東大寺大仏記』によれば水銀を約50トン、金を約9トン使用したとされる

■錬金術で活用された

　紀元後間もない頃に、アレクサンドリア、中南米、中国、インドで始まった**錬金術**は、卑金属から金を得ることや不老不死の薬を求めていきました（中国では「練丹術」と呼ばれました）。辰砂など水銀化合物は毒性がある[*2]にもかかわらず不老不死の薬として用いられ、中国では紀元前246年に即位した秦の始皇帝が、日本では飛鳥時代の持統天皇が水銀の化合物を好んで飲んでいたとされます。

　銀色に輝き、多彩な変化をする水銀は、古代の元素説で重要だった「水」の精と考えられたことでしょう。もうひとつ古代の元素説で重要だった「火」の精と考えた硫黄とともに、水銀は錬金術の中心的物質になっていきました。

[*2]　水銀は大きく金属水銀、無機水銀、有機水銀に分けられる。とくに注意すべきなのが金属水銀と有機水銀で、気化しやすい金属水銀は水銀蒸気を吸入することで中枢神経障害や腎障害を起こす。有機水銀のひとつメチル水銀は水俣病の原因物質。『26・公害で人々を苦しめた猛毒≪有機水銀≫』参照。

■古代から重宝されたが毒性をもつ鉛

鉛は「低融点（327.5℃）で柔らかく加工しやすい」「精錬が容易で安価」「すぐにさびて表面に緻密な酸化皮膜を形成するため腐食が内部に進みにくい」「水中でも腐食されにくい」などのすぐれた特性をもちます。

鉛の鉱石である**方鉛鉱**は、火のなかに投げ込めば鉛が得られたことから、約5000年前のものと思われる鉛の鋳造品が発見されていたり、ローマ遺跡からは鉛製の水道管がまだ使用できる状態で見つかるなど、古くから私たちの生活と密接に関係しています。

さらに医薬、顔料として、黄色みがかった薄い茶色の密陀僧（一酸化鉛）、赤色の鉛丹（四酸化三鉛）、白色の鉛白（塩基性炭酸鉛）などの鉛化合物がギリシア・ローマ時代から知られていました。その昔**鉛白はおしろいの原料**でした。江戸時代、歌舞伎の人気役者は若くして死ぬ人が多かったといわれ、鉛白を多量に塗ったこと（鉛中毒）が影響しているとする説があります。

ほかにも鉛は、はんだ（鉛とスズの合金）、鉛蓄電池、銃弾・散弾、釣りのおもり、水道管、X線の遮蔽材などにも活用されてきました。しかし近年、人体への毒性や環境汚染が問題になり、使用は避けられる傾向にあります。

ちなみに、鉛筆は「鉛の筆」と書きますが、鉛は含まれていません[*3]。鉛筆の芯は炭素の同素体のひとつである**黒鉛**で、黒鉛と粘土を焼き固めたものです。

[*3] もともとは鉛とスズの合金が芯だったので鉛筆と呼ばれた（銀色の芯だったので銀筆とも）が、値段が高く硬かったので黒鉛に変わった経緯がある。14世紀のミケランジェロのスケッチは、銀筆で描かれた。

20 文明の発達とともにある銅・スズ

> 古代社会で最初に用いられたのは、自然金や自然銅です。人類の道具は石器から銅器へ、さらに青銅器へと移り変わり、とくに青銅器時代は国家の形成や文字の発明とも関連しています。

■ 3つに分けられた文明史

デンマークの考古学者トムセンは、人類の文明史を「石器時代*1」「青銅器時代」「鉄器時代」の３つに大別しました。

この３区分は、コペンハーゲン王立博物館の館長だったトムセンが、博物館の収蔵品を、利器（便利な器具）、とくに刃物の材質の変化を基準にして分類し、石・青銅・鉄 Fe の３つに分類して展示したことに始まります。つまり青銅*2を実用の利器として使った時代が**青銅器時代**です。青銅器時代は紀元前3000年から同2000年頃にメソポタミアに始まり、中国では、殷・周の時代がこれに当たります。

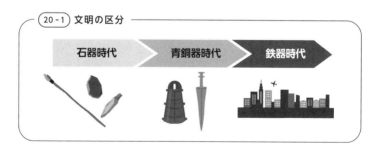

（20-1）文明の区分

石器時代 ▶ 青銅器時代 ▶ 鉄器時代

＊1　旧石器時代、新石器時代に分けることもある。
＊2　青銅は、銅90％とスズ10％を基準とする合金。混合割合により硬度や色合いが変化する。

ただこの時代区分にしたがって変遷しなかった例もあります。たとえば、エジプトではスズが入手できなかったため、紀元前2000年頃の第12王朝まで青銅器はほとんどつくられず、日本では、弥生時代に大陸から青銅器と鉄器が同時に入ってきたために青銅器時代を設定していません。

■ 金属器の最初は銅器

　銅Cuは赤みを帯びた柔らかい金属です。

　銅は天然にも自然銅として産出し、孔雀石や藍銅鉱などの銅鉱石からも比較的簡単に取りだすことができたことから、極めて古い時代から利用されていました。

　古くはイラクにおいて、紀元前9500年頃の銅製ペンダントが出土しているほか、エジプト、バビロニア、アッシリアの遺跡から6000年以前のものが発掘されており、石器時代のあとでいわゆる**銅器時代**をつくりました。

　やがて古代中国の殷王朝や地中海のミケーネ文明、ミノア文明および中東などで青銅器が広く製造、使用されるようになり、青銅器時代が到来しました。

　銅だけだと柔らかいですが、スズSnと合金にすると、銅より硬くて丈夫にできるので、青銅は農業用の鍬、すき、武器としての刀や槍などの材料に使われました。

　ただし、銅や青銅は産出量が限られ高価でした。そのため、一般に上層者の武器や装飾品の使用に限られる面があり、権

威の象徴でもありました*3。

　農具や武器は鉄器になりましたが、その後も銅は青銅とともに教会の鐘や装飾品、さらに火薬の発明とともに大砲などの材料、産業革命の時期には鉄と並んで機械用材料に使われ続けました。

　さらに19世紀末からの電力の利用の発展により、電線をはじめとする電気材料としての需要が大きくなりました。今も銅は、鉄、アルミニウム **Al** に次いで**使用量3位の金属**です。

■ 1円玉以外は全部銅の合金

　ふつうコインは、いくつかの金属を混ぜてつくる合金でできています。ところが1円玉（1円アルミニウム貨）だけが合金ではなく、アルミニウムだけでできている異色の存在です。

　アルミニウムは軽くて柔らかい金属で、アルミ箔などの家庭用品、サッシなどの建築材料など広く用いられています。酸化皮膜で内部が保護されているからです*4。

　一方で1円玉以外の5円から500円までのコインは、みな**銅の合金**からできています。銅は赤っぽい色をしていますが、他の金属と混ぜて合金にすると、その成分や割合によって赤っぽい色、金色、銀色などいろいろな色を示します。

　5円玉から500円玉の5種類は、いずれも一番多く含まれているのが銅なのに、その見かけはだいぶ違います。各コインに何がどのくらいの割合で入っているかは右図の通りです。

---

* 3　エジプト第18王朝の壁画で青銅の剣を帯びているのは指揮官（貴族）だけで、兵士たちは弓矢と木製の槍や棍棒で武装していた。
* 4　アルミニウムはイオンになりやすい（腐食されやすい）が、空気中で表面が酸化されて酸化アルミニウムの緻密な膜を生じ、その膜が内部を保護するため、それ以上酸化されにくくなる。

20 - 2 日本の硬貨の原料

アルミニウム貨

アルミニウム	100%
(重さ1g)	

黄銅貨

銅	60〜70%
亜鉛	30〜40%
(重さ3.75g)	

青銅貨

銅	95%
亜鉛	3〜4%
スズ	1〜2%
(重さ4.5g)	

白銅貨

銅	75%
ニッケル	25%
(重さ4g)	

白銅貨

銅	75%
ニッケル	25%
(重さ4.8g)	

ニッケル黄銅貨

銅	75%
亜鉛	12.5%
ニッケル	12.5%
(重さ7.1g)	

■ **スズは合金やメッキに使われた**

　スズは比較的融点が低く（232℃）、柔らかい金属で、さびにくく適度な硬さがあり、加工がしやすいのが特徴です。スズ石（成分：二酸化スズ）から木炭を使って取りだすことができました。

　古来よりスズ単独で食器に用いられたり、青銅やはんだ（鉛との合金）などの合金やメッキ*5 に用いられ、今でも幅広く使われています。

＊5　スズは鉄より腐食しにくいため、缶詰や茶筒缶などの内面の鋼（はがね）の表面にスズをメッキしたブリキが使われている。

> 鉄は建築材料から日用品に至るまで、もっとも広く利用されている金属です。とくに炭素の含有率が 0.04 ～ 1.7 ％のものを鋼（はがね）といい、鉄骨やレールなどに用いられています。

■今も続く「鉄器時代」

製鉄の材料になる鉱石を「**鉄鉱石**」といいます[*1]。

鉄鉱石は世界各地で豊富に産出するので、鉄鉱石から取りだした鉄 **Fe** はもっとも多量に利用されている金属です。

現代は鉄器時代の延長線上にあり、鋼を中心とした鉄の時代です。鉄と炭素 **C** が合わさった鋼は、石や青銅よりも硬くて強く、さまざまな道具や武器、建築の材料になりました[*2]。

鉄は他の金属（ニッケル、クロム、マンガンなど）とすぐれた性質をもつ種々の合金をつくることも用途が多様な理由のひとつです。私たちは鉄の合金によって、鉄のもつ弱点を補強し、鉄の新しい用途を広げていったのです。

たとえば鉄にクロム **Cr** 18％、ニッケル **Ni** 8％を混ぜた**18－8ステンレススチール**という合金は、さびにくく美しい銀白色の表面をもつことから、多くの材料に用いられています（身近な例では、鍋や食器などの台所用品に多い）。

鉄鉱石から取りだした最初の鉄はおそらく鉄鉱石の露出した場所で焚火などをした跡や、銅鉱石に混ざっていた鉄鉱石

[*1] 具体的には、赤鉄鉱や磁鉄鉱、砂鉄で、成分は酸化鉄。
[*2] 鋼はごく微量の炭素を含んだ鉄の合金。鋼鉄（こうてつ）。『56・あらゆる鋼鉄を生む五大元素』参照。

から偶然発見されたものだったはずです。

　鉄鉱石はどこでも手に入ったので、製法さえ習得できれば安く大量に鉄をつくることができました。

　鉄器は石器や青銅器よりすぐれていたので、農業や工業、戦争の武器に使われるようになりました。たとえば鉄の斧で森林を切り拓き、鉄の鍬で硬い土地も容易に耕せるようになりました。

■ 鉄づくり技術は紀元前数千年から

　古代に鉄づくりで栄えたとされるのは紀元前2000年頃に登場する**ヒッタイト帝国**[*3]です。帝国ははじめて鉄製の武器と馬に引かせる戦車をつくり、近くの大国エジプトとも勢力を争いました。紀元前12世紀に帝国が滅びると技術は拡散し、そこから鉄器時代へ突入していったといわれていました。

　しかし、その後の調査で、ヒッタイト人がアナトリアに移住してくる1000年以上古い地層から、鉄鉱石から取りだしたとみられる鉄のかたまりが発見されました。このことから、鉄づくりの技術を開発したのはヒッタイト人ではなく、ヒッタイト人に征服された**アナトリアの先住民**だった可能性が高くなりました。

　これまで考えられていたよりも前に、ヒッタイトとは違う民族が鉄づくりの技術を伝えていた可能性が出てきているのです。

[*3]　アナトリア（現在のトルコ）に高度な文明を築いた古代民族で、帝国の首都「ハットゥシャ」の遺跡は1986年に世界遺産に登録されている。

■ 日本のたたら製鉄

　宮崎駿監督のアニメ映画『もののけ姫』では、威勢のいい女の人たちが踏み板を踏むシーンがあります。踏み板を踏むことで、ふいご（たたら）から鉄をつくる炉に空気を送ります。実際は大変な重労働なので、女の人が踏むことはなかったようですが、あれは「**たたら製鉄**」という、日本に昔から伝わる製鉄の様子を描いたものなのです。

　製鉄炉の遺跡を調べると、**日本は古墳時代から製鉄が始まっていた**ようです。古代のたたらの炉は、地面を掘り下げ、砂鉄と木炭を敷きつめたような簡単なつくりでした。送風は手押し式から「もののけ姫」のシーンのような足踏み式に改良されました。

　時代とともに炉の形は大型化し、深い地下構造の上に粘土で箱型の炉をつくりました。

　たたらの炉は一度火を入れると、3日間休みなく作業が続く過酷な仕事でした。また、砂鉄と同量の木炭が必要で、しかも原料鉄の30%ほどしか鋼が得られませんでした。

　やがて、たたら製鉄は明治時代後半に溶鉱炉（高炉）を用いた洋式製鉄法に完全に取ってかわられ、大正末期には姿を消しました。

　ただ最近になって、伝統技術の保存のために、たたら製鉄法が各地で再現されるようになりました[4]。

---

[4]　たとえば日本刀製作に使用される玉鋼（たまはがね）はたたら製鉄によるものが適していることから、日本刀剣美術保存協会が島根県に建設して操業をおこなっている。

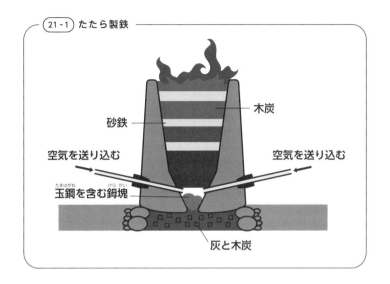

21 - 1 たたら製鉄

木炭

砂鉄

空気を送り込む　　　　　　　　空気を送り込む

玉鋼を含む鉧塊

灰と木炭

■ 近代製鉄

　日本の近代製鉄は 1901（明治34）年、官営八幡製鉄所[*5] の創設から始まります。

　近代製鉄は巨大な溶鉱炉（高炉）で、鉄鉱石、コークス（石炭をむし焼きして得られる炭素のかたまり）、石灰石を混合し、これに下から熱風を吹き込んでコークスを燃やします。高炉は非常に大きなもので、高さ 30 階建てのビルに相当するほどです。

　このときにできる一酸化炭素が主に鉄鉱石から酸素 O を奪い鉄が取りだされます。こうして得られた鉄は**銑鉄**と呼ばれ、炭素 C を多く含んでいます（4〜5%）。

[*5]　第二次世界大戦前には日本の鉄鋼生産量の過半を製造する国内随一の製鉄所だった。現在は日本製鉄の製鉄所。

高炉から取りだした銑鉄はもろいので、これを転炉に移し、酸素を吹き込んで炭素を燃焼させて減らすと、炭素の含有率が調節され、鋼がつくられます。鋼は炭素の含有率が低く（0.04〜1.7%）、強じんでさまざまな材料に用いられています。

　現代は、アルミニウム **Al** やチタン **Ti** など新しい金属も活躍していますが、もっとも主要な金属材料は鉄のままであり、「鉄器時代」「鉄器文明」のただ中にあるといえるのです。

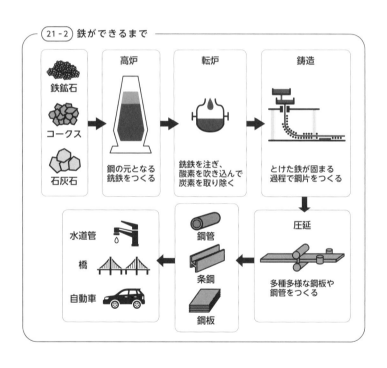

21 - 2　鉄ができるまで

鉄鉱石
コークス
石灰石

高炉
鋼の元となる銑鉄をつくる

転炉
銑鉄を注ぎ、酸素を吹き込んで炭素を取り除く

鋳造
とけた鉄が固まる過程で鋼片をつくる

圧延
多種多様な鋼板や鋼管をつくる

鋼管
条鋼
鋼板

水道管
橋
自動車

第 **4** 章

「事故・事件」
にあふれる元素

22 家庭で毒ガスが発生する？ ≪塩素ガス≫

塩素は空気中にわずか 0.003 % ～ 0.006 % あるだけで、鼻やのどの粘膜をおかし、それ以上の濃度になると最悪は死に至ります。そのため、毒ガス兵器に使われました。

■ 第一次世界大戦で使われた毒ガス兵器

1915 年 4 月 22 日、ベルギーでフランス軍と対峙していたドイツ軍は、毒ガス兵器「**塩素ガス**」を使いました[1]。

塩素ガスは空気よりも重いため、風に乗って地面をはうようにして進み、塹壕のなかにいた多くのフランス兵を襲いました。これが史上初の本格的な毒ガス戦「第 2 次イープル戦」で、170 トンの塩素ガスを放出し、フランス軍 5 千人が死亡、1 万 4 千人が中毒になったとされます。

やがて防毒マスクなどで対策が講じられるようになると、毒性が塩素ガスの 10 倍という窒息性のホスゲン、無色で、接触するだけで皮膚がやけどし、ひどい肺気腫、肝臓障害を起こすマスタードガス（イペリット）が開発されていきました。

毒ガス兵器（化学兵器）は、今日では一定の化学工業をもつ国ならどこでもつくることができるため、「**貧者の核爆弾**」ともいわれます。

現在は化学兵器禁止条約[2]が発効（1997 年）し、わが国も 1995 年に批准しました。

---

[1] 同年 9 月にはイギリス軍が使用。翌 1916 年 2 月にはフランス軍も塩素ガスで報復。各国が毒ガス製造に血道を上げた。

[2] 正式名称は「化学兵器の開発、生産、貯蔵及び使用の禁止並びに廃棄に関する条約」。

■塩素ガス発生で「混ぜるな危険」

　現在、さまざまな家庭用洗剤・漂白剤に「混ぜるな危険」というラベルがついています。これが表示されるようになったのは塩素ガスによる事故がきっかけでした。

　1987年12月、徳島県の主婦がトイレ内で**酸性の洗剤**（塩酸入り）を使用していました[3]。そこへ、汚れをさらにきれいにしようと**塩素系の漂白剤**（次亜塩素酸ナトリウム入り）を使用したところ、塩素ガスが発生。狭いトイレ内のため、急激に塩素濃度が上昇し、急性中毒により死亡してしまったのです。

　その事故を受け、家庭用品品質表示法により、1988年から「混ぜるな危険」のラベル添付が義務づけられました。しかし、その後も同様の事故の報告が続いています。

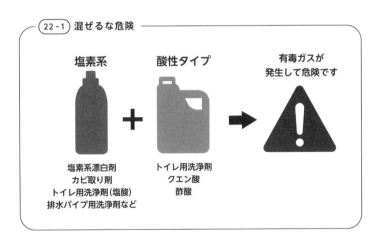

22-1　混ぜるな危険

塩素系　　　　　酸性タイプ　　　有毒ガスが
　　　　　　　　　　　　　　　　発生して危険です

＋　　　　　　　→

塩素系漂白剤　　　トイレ用洗浄剤
カビ取り剤　　　　クエン酸
トイレ用洗浄剤（塩酸）　酢酸
排水パイプ用洗浄剤など

＊3　水洗トイレの汚れは、排泄物中の尿酸、リン酸、腐敗タンパク質などが洗浄水中のカルシウムイオンと結びつき、尿酸カルシウムやリン酸カルシウムなどの水に溶けにくい物質になって付着したものが主になる。これらの汚れは酸と反応して水に溶けやすい物質に変わる。

■次亜塩素酸ナトリウムを含む漂白剤、カビ取り剤、洗剤

次亜塩素酸ナトリウムは塩素系漂白剤の代表成分で、漂白・殺菌作用があります。塩素系はもっとも一般的な漂白剤で、漂白力や殺菌力が強いかわりに、色物や柄物、毛や絹に使うことができません[*4]。殺菌力が高いことからカビ取り剤にも使われています。また、排水パイプの途中のU字形の部分や風呂の排水パイプに髪の毛が詰まったときなどに使うパイプ洗浄剤にも、界面活性剤と水酸化ナトリウムを加えた次亜塩素酸ナトリウムが使われています。

この次亜塩素酸ナトリウム含有のものに、塩酸やクエン酸などの**酸が出合うと、塩素ガスが発生します**。

塩素ガスや次亜塩素酸ナトリウムは、殺菌作用があるため水道水やプールなどの消毒にも使われています。これらの使用濃度では健康上に問題はありません。

22-2 漂白剤の希釈方法 （製品濃度が約6％の場合）

糞便やおう吐物が付着した床
衣類等の浸け置き
　　　約10mL
　　　キャップ2杯弱

食器等の浸け置き
トイレの便座、ドアノブ手すり、床等
　　　約2mL
　　　キャップ0.5杯弱

水
500mL
ペットボトル

次亜塩素酸
ナトリウムを含む
家庭用塩素系漂白剤
（製品濃度6％）

塩素系
漂白剤

次亜塩素酸ナトリウムは、すべての微生物に有効
ただし、使用する製品の濃度を確認のうえ、用法・用量にしたがって使用してください

[*4] 塩素系漂白剤よりマイルドな酸素系漂白剤（過炭酸ナトリウム）なら色物や柄物に使うことができるが、毛や絹に使うことはできない。

■ ほかにもある塩素化合物

食塩の主成分の**塩化ナトリウム**、**塩酸**（塩化水素）は代表的な塩素の化合物です。私たちの胃で分泌される胃酸は塩酸で、消化と殺菌に役立っています。

プラスチックの**ポリ塩化ビニル**（塩ビ）も塩素 **Cl** の化合物です。ポリ塩化ビニルなど塩素を含むプラスチックを焼却すると、燃焼条件によってはダイオキシンという毒物が生成することがあります。

ダイオキシンには、急性毒性と慢性毒性があります。急性毒性とは、ダイオキシンを摂取して、比較的すぐに（数日以内に）影響が現れる毒性ですが、私たちの生活ではそれほど心配することはありません[*5]。一方やっかいなのが、少しずつ続けて摂取したときに、何年もたってから現れる慢性毒性です。ダイオキシンのなかまの中でもっとも毒性が高いもの（TCDD）は、マウス、ラットおよびハムスターのすべての慢性毒性実験で発がん性があることが報告されています。さらに人にも発がん性が明確だとされています。

ほかにも、炭素 **C** とフッ素 **F**、そして塩素の化合物に**フロン**があります。フロンは不燃性で、化学的に安定していて、液化しやすいので、冷蔵庫などの冷媒や発泡剤、半導体などの洗浄剤、スプレーの噴射剤などに使われました。しかしオゾン層破壊の原因とわかって、国際的に使用禁止などの処置が取られています。

---

*5 ダイオキシン摂取による急性毒性では、どの動物でも共通して体重減少、胸腺萎縮、脾臓萎縮、肝臓障害、造血障害などが起こる。人やサルではクロロアクネ（塩素挫創）、水腫（浮腫）や眼の脂漏が起こる。

23 「サリン」の原料って何？ ≪有機リン化合物≫

1995 年 3 月 20 日午前 8 時頃、オウム真理教による有機リン化合物を用いた化学テロ「地下鉄サリン事件」が起きました。殺虫剤にも使われる有機リン化合物とは何か、見ていきましょう。

■ 有機リン化合物とは

　炭素 C を主骨格とする分子（有機化合物）のうち、リン P を含む化合物を「有機リン化合物」といいます。DNA をつくる核酸や、細胞膜をつくるリン脂質など、生物の体をつくるうえで必要なものが多く存在する一方で、強い毒性をもつものも知られています。

　有機リン化合物は、第二次世界大戦中のドイツ軍において、毒ガスとして研究されていた物質です。「**サリン**」とその兄弟分の「タブン」「ソマン」などがあります。

　これらの毒ガスは世界大戦中に実戦で用いられることはありませんでしたが、1983 年のイラン・イラク戦争においてイラクが使用しました。戦争での利用すらめずらしい毒ガスが使われた地下鉄サリン事件*1 は、改めて異常な事件だったといえるのです。

　有機リン系の毒ガスは「**神経毒**」と呼ばれ、これを摂取すると神経作用に重要なはたらきをしているアセチルコリンという物質が過剰な状態になり、生物はさまざまな不調をきたし

＊1　麻原彰晃を教祖とする日本の新興宗教団体「オウム真理教」によって起こされた無差別テロ事件。死者 14 名、負傷者 6300 名余の日本史上最悪規模の大量殺人事件。

ます。サリン中毒になると瞳孔収縮、眼痛、呼吸困難、吐き気、頭痛などが生じて、少量で致死量に至ります。

■家庭用殺虫剤にも使われている有機リン化合物

　サリンと化学的に似た殺虫剤は、私たちの身近にもあります。殺虫の原理はヒトに対する毒性の原理と同じで、**神経伝達物質の適切な分解を妨害して生命活動を止める**ことで駆除します。家庭用殺虫剤に使われる有機リン化合物は、虫は殺すには十分に、しかし人体には毒性が低くなるように設計されたものです。

23-1　家庭で使われる殺虫剤の例

殺虫剤	対象害虫	剤形例（主な有効成分）
衛生害虫用	病原菌の媒介をする害虫 （ハエ、蚊、ゴキブリ、ノミ、ダニなど）	燻煙材 蚊取り線香［ピレスロイド系］ 蚊取りマット［有機リン系］ ダニ用シート エアゾール剤 ホウ酸ダンゴ［ホウ酸］
不快害虫用	人に不快感を与える害虫 （シロアリ、イガ、カツオブシムシ、ナメクジ、アリなど）	エアゾール剤［ピレスロイド系］ シートタイプ［有機リン系］ 粒剤［カーバメート系］
園芸（農業）害虫用	家庭園芸で植物に害を与える害虫 （アブラムシ類、カイガラムシ類、アメリカシロヒトリなど）	乳剤［ピレスロイド系］ 液剤［有機リン系］ 粒剤［カーバメート系］ エアゾール剤

マラチオン（商品名マラソン）やフェニトロチオン（商品名スミチオン）という有機リン薬剤は、毒の作用原理は同じでも、ヒトなどの哺乳類が代謝により無害化・排せつできるように化学的構造が設計されているのです。マラチオンとフェニトロチオンの化学式はそれぞれ $C_{10}H_{19}O_6PS_2$ と $C_9H_{12}NO_5PS$ です。元素としては炭素、水素、酸素、リン、硫黄が、フェニトロチオンではさらに窒素も含まれていることになります。

■ 有機リンが使われない殺虫剤

　殺虫剤のなかには有機リン化合物ではないものもあります。

　除虫菊[*2]の有効成分であるピレトリンという物質を改良して、さらに強力にした殺虫剤がよく使われるようになってきました。これが「**ピレスロイド系**」と呼ばれる殺虫剤です。この薬剤もまた、昆虫の神経を麻痺させ、呼吸をできなくさせる作用をもっています。いろいろな種類の虫に効果があり、虫1匹当たり10万分の1g程度のごく少ない量でも効きます。

　ピレスロイド系殺虫剤でよく使われている成分はアレスリンというもので、化学式は $C_{19}H_{26}O_3$ です。元素としては炭素、水素、酸素しか含まれておらず、有機リン化合物ではないことがわかります。ゴキブリや蚊に直接噴霧するエアゾールスプレーや蚊取りマットなどによく用いられていて、人やペットへの毒性の心配はありません。

---

24 体内にあるのに毒にもなる ≪ヒ素≫

ヒ素は土や水のなか、はては生物の体内にも見つかる、ごく身近にある元素です。しかし同時に毒物の代表でもあります。いったいどういうことか、ヒ素の二面性を見ていきましょう。

■自然界に広く存在する元素

ヒ素 **As** はどこにでもある元素です。土のなかからは鶏冠石（けいかんせき）という鉱物として見つかり、古代から知られていました。水のなか[*1] や体のなか[*2] からも見つかるほか、人工物にもヒ素は利用されます。ガリウム **Ga** との化合物は半導体として使われ、発光ダイオードなどの形で私たちの身近にあります。

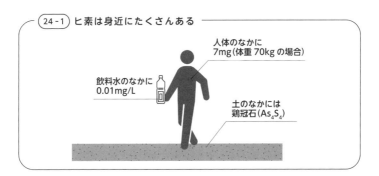

24-1 ヒ素は身近にたくさんある

人体のなかに
7mg（体重 70kg の場合）

飲料水のなかに
0.01mg/L

土のなかには
鶏冠石（As_4S_4）

■日本で起きたヒ素事件

過度なヒ素の摂取は生命を死へと追いやります。日本でも土

[*1]　水道水のヒ素濃度は厳しくチェックされているが、1Lのなかに0.01mgまではヒ素を含んでもよいとされている。

[*2]　体重70kgのヒトの体内には約7mgが含まれる。

呂久公害（1920〜1962年）や森永ヒ素ミルク中毒事件（1955年）、和歌山毒物カレー事件（1998年）のように深刻なヒ素中毒事件が起こっています。

ヒ素中毒には、一度に大量に摂取することで起こる「**急性中毒**」と、長年にわたり少しずつ摂取することで起こる「**慢性中毒**」があります。急性中毒では激痛、嘔吐、出血によって、慢性中毒では原因不明の衰弱によって、命を奪います。

■ 伝統的な毒殺用元素

ヒ素は古代から毒殺に使われた元素です。

とくに鉱物から容易につくることができる**無水亜ヒ酸**［As_2O_3］や**亜ヒ酸**［$As(OH)_3$］といった**無機ヒ素化合物**の形で用いられることが多く、中世〜近世ヨーロッパで暗殺毒として盛んに利用されました[3]。

亜ヒ酸は無味無臭で水によく溶けるため飲食物に混ぜやすく、相手に気づかれないように毒を盛るのは簡単でした。また当時は遺体からヒ素を検出する手法が確立されておらず、毒殺が明るみに出る心配がほとんどなかったのです。

1838年にようやくヒ素による毒殺を証明する検査法「マーシュ試験法」が生みだされました。これ以降ヒ素による毒殺は容易に判明するようになり、今では「**愚者の毒物**」と呼ばれるようになっています。

---

[3] 16世紀に美容化粧水として出回っていた「トファナ水」は亜ヒ酸を多く含んでおり、婦人たちのあいだでは本来の利用のほか、カトリックの教義上離婚の許されない諸国で夫の暗殺用に広く活用された。

■ ヒ素を含む食べ物

ヒ素は私たちの身近な食品にも含まれています。たとえばカキやイセエビなどの海洋生物です。もっともこれらを心配する必要はありません。海洋生物に含まれているヒ素は**有機ヒ素化合物**といい、無機ヒ素化合物とは違って毒性が見られません。有機ヒ素化合物は摂取すると効率よく吸収されて体内に入りますが、血液と一緒に体中を一周して尿に溶けて体外へと出ていき、体を素通りするだけです。

少々話がややこしいのが**ヒジキ**で、無機ヒ素化合物が含まれています。2004年7月、英国食品規格庁（FSA）は、ヒジキを食べないように英国民に対して勧告を出しました*4。

これに対してわが国では、厚生労働省が「Q&A」を公表*5していて、「ヒジキを食べることで、健康上のリスク（危険性）は高まりますか」に対する回答（要約）を右記の通り示しています。

よほど食べすぎなければ問題ない、と結論づけられているようです。

- 1988年にWHOが指定した危険摂取量は、ヒジキを毎日4.7g以上を継続的に摂取し続けてようやく到達する量

- ヒジキが含む無機ヒ素化合物が原因で健康被害が起きたという報告はない

- ヒジキは食物繊維を豊富に含み、必須ミネラルも含んでいる

- 極端に多く摂取するのではなく、バランスのよい食生活を心がければ健康上のリスクが高まることはないと思われる

---

*4 理由は、ヒジキに発がんリスクの指摘されている無機ヒ素化合物が多く含まれているとの調査結果が得られたため、としている。

*5 厚生労働省HP「ヒジキ中のヒ素に関するQ&A」参照。（https://www.mhlw.go.jp/topics/2004/07/tp0730-1.html）

25 ヒ素なき時代の毒の申し子 ≪タリウム≫

> ヒ素と同じく毒殺によく使われるのがタリウムです。常温では銀白色の金属で、見た目や性質は鉛に似ています。ここでは毒としてのタリウムに注目してみましょう。

■脱毛クリームとして使われたことも

タリウム Tl が発見されたのは 1861 年のことです。前項目で紹介したヒ素と比べると、タリウムは毒性元素界隈における「新参者」といえるでしょう。

発見された当初、タリウム化合物はその毒性の高さをいかしてネズミやアリの駆除に利用されていました。現在わが国では使用が禁止されていますが、かつてはタリウム化合物を入手するのはそれほど難しくなかったのです。

タリウム化合物のひとつ、**硫酸タリウム** $[Tl_2SO_4]$ は水に溶けやすくほぼ無味無臭で、毒殺にうってつけの性質です。そのためミステリー小説ではヒ素にかわる毒物として用いられることもありました。

タリウム中毒になると麻痺、意識障害、衰弱の症状が現れて、頭髪が抜けるといった特徴的な症状も見られます。かつてタリウムの人体毒性がよくわかっていなかった時代は、この性質を利用した脱毛クリームという商品があったくらいです[*1]。

---

*1 今では脱毛現象は毒性によるものとわかっているため、この症状をもってタリウム中毒を見抜くことができる。

■「なりすまし」で毒性を発揮

タリウムは「なりすまし」によって毒性を発揮します。

タリウムは人体必須元素としてはたらいているカリウム K とサイズや化学的性質がよく似ています。すると体内にあるカリウム専用の門が、間違えてタリウムの通過を許してしまうという事態が起きます。**タリウムはカリウムになりすまして人体の中枢へと侵入する**のです。

ひとたび体内に侵入すれば、タリウムはカリウムがしないような悪行を、すなわち生体内の化学反応を阻害するなどして生命活動に多大なダメージを与えます。これがタリウムの毒性の由来です。

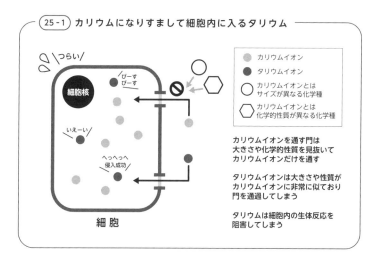

25-1 カリウムになりすまして細胞内に入るタリウム

- ● カリウムイオン
- ● タリウムイオン
- ○ カリウムイオンとはサイズが異なる化学種
- ⬡ カリウムイオンとは化学的性質が異なる化学種

カリウムイオンを通す門は大きさや化学的性質を見抜いてカリウムイオンだけを通す

タリウムイオンは大きさや性質がカリウムイオンに非常に似ており門を通過してしまう

タリウムは細胞内の生体反応を阻害してしまう

このような手口で毒性を発揮する元素はタリウムのほか、亜鉛になりすますカドミウム**Cd**[2]や、カルシウム**Ca**になりすます放射性ストロンチウム**Sr**などがあります。

■ タリウムによる毒殺事件

タリウムによる毒殺事件として有名なのが、イギリスで起きたグレアム・ヤングによる連続毒殺事件（1961～1971年）です。

日本でもタリウムを用いた毒殺事件が何度かありました。

もっとも最近起きたものは1991年に東京大学の技官が同僚を殺害した事件です。研究で抗菌剤として用いていた酢酸タリウムを利用しての毒殺でした。

また、2005年の女子高生による毒殺未遂事件は、のちに映画化されています[3]。

■ 「なりすまし」を逆手にとる解毒剤

そんな恐ろしいタリウムですが、1969年に解毒薬が見つかりました。「**プルシアンブルー**」という物質です。この物質はカリウムを含む物質で、そこへタリウムが近づくと（性質が似ているため）プルシアンブルーのカリウムがタリウムと入れ替わります。タリウムを含んだプルシアンブルーはそのまま体から排せつされ、解毒が達成されるというわけです。タリウムの「なりすまし」を逆手にとったあざやかな原理で、致死量のタリウムを摂取した人も2週間程度で治すほどの効果をもちます。

---

[2]　『27・カルシウムの吸収を邪魔する≪カドミウム≫』参照。

[3]　日本映画『タリウム少女の毒殺日記』（2013年7月公開）。第42回ロッテルダム国際映画祭に出品され注目されたのち、第25回東京国際映画祭にて作品賞を受賞。

26

公害で人々を苦しめた猛毒 《有機水銀》

> 高度成長期に問題となった「四大公害病」のうち、水俣病と新潟水俣病の原因になったのが有機水銀です。2度も起きた水俣病とはどのような公害だったのでしょうか。

■ 脳を侵す水銀

水銀 **Hg** は常温で液体の金属で、単体のなかでは唯一液体の金属元素です。単体水銀は仮に飲み込んでも体を素通りしていくだけですが、とりわけ**有機化合物**になると強い毒性を示します。

「水俣病」というと、ふつうは 1950 年代半ばに熊本県水俣湾で起きたものを指します。これに対し、1965 年に新潟県阿賀野川流域で起きたものを「新潟水俣病」と呼びます。

原因物質はどちらも化学工場[1]から出た廃液に含まれる「**メチル水銀**」という有機水銀でした。環境に漏れだしたメチル水銀はプランクトンの体内に入り、それを食べる小型の魚に、さらにそれを食べる大型の魚に……と、食物連鎖の上のほうの生物へとどんどんと移動・濃縮されていき、最終的には食物連鎖の一番上にいる人間の体へと集まっていきます。

水俣湾がメチル水銀で汚染されていた頃、そこの漁師たちは海産物を日々食べるせいで毎日約 3.3 mg のメチル水銀を摂取していた計算になるそうです。メチル水銀中毒は約 25 mg

---

*1 熊本はチッソ㈱、新潟は昭和電工㈱によるもの。

の摂取で起きる知覚異常から始まり、摂取量が増えるにつれ運動失調、発話障害、難聴といった症状が現れます。これらの症状はすべて脳や神経が水銀に侵されているために起こり、摂取量が約 200 mg に達すると致死量となって高確率で死に至ります[2]。

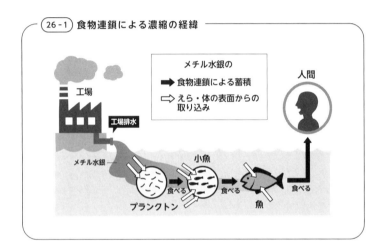

26-1 食物連鎖による濃縮の経緯

メチル水銀の
➡ 食物連鎖による蓄積
⇨ えら・体の表面からの取り込み

工場

工場排水

メチル水銀

プランクトン
食べる

小魚
食べる

魚
食べる

人間

■ 規制が進む水銀使用

2013 年 10 月に熊本市および水俣市で開催された外交会議において、水銀の人為的排出から環境や健康を守るための国際条約「水銀に関する水俣条約」が採択されました。この条約は 2017 年 8 月 16 日に発効され、次々と生活から水銀製品を取り除く試みがなされています。

---

[2] 水俣病で亡くなった方は公式に 1963 名（2020 年 5 月 31 日現在）。亡くなっていない患者も多くが後遺症に悩まされ、現在も闘病や裁判が続いている例もある。

「**赤チン**」という殺菌剤をご存じでしょうか。マーキュロクロム液とも呼ばれるこの殺菌液には水銀化合物が含まれており、法律[3]の規制対象になることから、2020年末で製造が終了しました。

蛍光灯にも微量の気体水銀が封入されています[4]。そのため2020年12月31日以降、蛍光灯を含む水銀ランプの製造・輸出入が一部規制されました。

また、昔は温度計といえば「水銀温度計」でした。広い温度範囲で膨張・収縮の程度が同じなので便利に用いられていました。しかし最近はより容易に扱えるデジタル温度計にとって代わられています。

■ 身近な意外なところにも

水銀化合物は意外と身近なところにあります。それは神社です。**鳥居**などが朱色に塗られていますが、こ

の朱色の顔料が硫化水銀を含んでいることがあります。

私たちの**体内**にも水銀があります。ヒトの体にはふつう約6 mgの水銀が含まれています。農水産物に極めて微量の水銀が含まれており、私たちは一日当たり約0.003 mg (=3μg) の水銀を知らずのうちに摂取しています。同時に、尿などによって極めて微量ずつ体外へ捨てているため、入る分と出る分がつり合って常に一定量の水銀が体内にあるのです。

---

* 3　2019年9月14日に施行された「水銀による環境の汚染の防止に関する法律」。
* 4　『36・蛍光灯の端っこが黒くなるのはなぜ？』参照。

27

カルシウムの吸収を邪魔する ≪カドミウム≫

前項で紹介した日本の「四大公害病」のもうひとつがイタイイタイ病です。世界的にも有名な公害・疾患で、英語でも "Itai-itai disease" といいます。全身に激痛が走る病でした。

■「痛い、痛い！」

イタイイタイ病は 1910 〜 1960 年頃に富山県神通川流域で流行した病気で、原因物質はカドミウム **Cd** を含む廃棄物[*1]です。この病気を発症した患者は意識に別状はないままに、ただひたすら「痛い、痛い！」と全身の激痛を訴えます。

痛みの原因は骨でした。カドミウムの過剰摂取はヒトの腎臓にとって強烈な毒となります。腎臓を悪くするとカルシウムの骨への取り込みがうまくいかず、**骨軟化症**を引き起こします。柔らかくなった骨は患者の自重を支えることも難しくなり、いたるところの骨が骨折します。これが極めて痛いのです。医師が脈を取ろうとして腕をもっただけで骨折した患者もいたほどでした。あまりの痛さに患者は病床から動くこともままならず、苦しみながら衰弱によって死に至ります。

■ 嫌われ者の元素

毒性元素は私たちの生活から取り除かれていく運命にあります。ヨーロッパ諸国では 2013 年から、とくにカドミウムの

[*1] 三井金属鉱業神岡鉱山亜鉛精錬所が排出していた。

電化製品での利用が厳しく制限されました。

　少し前まではニッケル-カドミウム蓄電池（ニッカド電池）、サビ止めメッキ、黄色顔料（カドミウムイエロー）*2 などさまざまな用途に使われていましたが、日本でもカドミウムの利用を忌避する動きが強まっています。

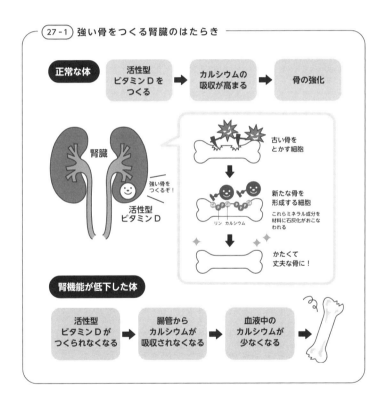

27-1 強い骨をつくる腎臓のはたらき

正常な体 → 活性型ビタミンDをつくる → カルシウムの吸収が高まる → 骨の強化

腎臓

強い骨をつくるぞ！

活性型ビタミンD

古い骨をとかす細胞

新たな骨を形成する細胞

これらミネラル成分を材料に石灰化がおこなわれる

リン　カルシウム

かたくて丈夫な骨に！

腎機能が低下した体

活性型ビタミンDがつくられなくなる → 腸管からカルシウムが吸収されなくなる → 血液中のカルシウムが少なくなる

＊2　モネやゴッホ、ゴーギャンなどの有名な画家が愛用していたとされる。
＊3　「720年頃（奈良時代）に黄金の採掘があった」という口伝もあるようだが、真偽は定かではない。

■カドミウム、神岡鉱山、ニュートリノ

　岐阜県の神岡鉱山は少なくとも江戸時代には利用されていた鉱山で、金、銀、銅、鉛などが採掘されていました[*3]。明治時代に入り日本でも戦争の機運が高まると、装甲版などをつくるために金属が必要になりました。その影響を受け、神岡鉱山では1905年頃から**亜鉛 Zn** の生産が始まります。

　さて、周期表で亜鉛の位置を確認してみましょう。真下にはカドミウムがあります。周期表の同じ族にある元素は性質が似ているのでした。実は亜鉛とカドミウムは性質が非常によく似ているため、**地中から亜鉛鉱石を掘りだすと多くの場合カドミウムが同時にとれます**。しかし欲しいのはあくまで亜鉛なので、カドミウムは廃棄物として捨てられてしまいます。これが川から水田に流れ、農作物に大量のカドミウムがたまり、それを食べた人がイタイイタイ病となったのです。

　神岡鉱山は2001年に閉山となりました。それでは現在の神岡鉱山はどんな様子なのでしょうか。

　現在の神岡鉱山は、なんと最先端宇宙物理学の研究施設として利用されています。

　それは「**スーパーカミオカンデ**[*4]」という施設で、とてつもなく大きい水槽が鉱山の地下につくられています。原子よりもずっと小さい「**ニュートリノ**」という素粒子を研究するための施設です。歴史ある鉱山が最先端宇宙観測の道具に変身したというのは、まるでドラマのような急展開ですね。

[*4] 東京大学宇宙線研究所が運用する世界最大の水チェレンコフ宇宙素粒子観測装置。初代「カミオカンデ」は「宇宙ニュートリノ」の観測に成功し、小柴昌俊氏が2002年にノーベル物理学賞を受賞。2代目の「スーパーカミオカンデ」は「ニュートリノ振動」を観測し、2015年に梶田隆章氏がノーベル物理学賞を受賞。

第 5 章

「キッチン・食卓」 にあふれる元素

28 水道水にはどんな元素が入っているの?

> 私たちの体の約 60％は水です。毎日飲む水はまさに私たちの命
> を支えています。飲料水には水道水やミネラルウォーターなど
> があります。どんな元素が含まれているのでしょうか。

■ 水道水に含まれている元素

水道水のほとんどは「水」ですから、水をつくる元素の**水素 H** と**酸素 O** がほとんどを占めます。

水は、物質を溶かす能力が大きいので、いろいろな物質を溶かします。雨は、大気中の気体を溶かし込んでいます。森の土壌にしみ込んだ雨水は、土壌や接触した岩石の成分を溶かし込んで地下水になり、川の水になったり湖の水になっていきます。飲料水の代表である水道水は、そういった水を原水（水道水の元になる水）として用いています[1]。

水道水でもっとも大切な条件は、そのまま安心して飲める無菌の水を供給することです。質のよい湧き水や地下水が豊かな土地では、それらを**塩素 Cl** で消毒するだけで水道水に用いることができます。

しかし、河川の下流の水を元にしなければならない大都市では、原水を浄水場に送って、浄水処理をしてから塩素消毒をした水にしています。水道水は必ず塩素消毒をしなければなりません[2]から、水道水には必ず元素として塩素が含まれています。

---

[1] 水道水の原水は、河川、ダム、湖水（以上が「地表水」）、伏流水、井戸水（以上が「地下水」）が主で、このうち地表水が約 7 割を占める。現在はダムからの取水が増えている。

[2] 水道法で定められている。

塩素消毒には次亜塩素酸ナトリウム［NaClO］という物質が主に使われているため、元素として水素と酸素のほかに塩素やナトリウム **Na** が含まれています。また、**マグネシウム Mg**、**カルシウム Ca**、**カリウム K** などのミネラルを含んでいます。

　原水にはマンガン **Mn**、鉄 **Fe**、アルミニウム **Al**、ヒ素 **As** などがイオンの状態で含まれていることがありますが、沈澱や前塩素処理などの浄水処理で取り除かれたりして減らされています[*3]。

　なお、水道水では浄水の過程で、**トリハロメタン**という発がん性物質ができてしまうことが心配されました。「トリ」は３つ、「ハロ」は塩素や臭素などの**ハロゲン元素**のことです。メタン［CH₄］の４つの水素原子 **H** のうちの３つが塩素 **Cl** や臭素原子 **Br** に置き換わった分子で、その代表は「H」３つが塩素に置き換わったクロロホルム［CHCl₃］[*4] です。トリハロメタンは「前塩素」処理をする浄水場で、原水に有機物が多いとできやすいです。

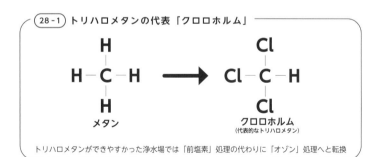

（28-1）**トリハロメタンの代表「クロロホルム」**

メタン

クロロホルム
（代表的なトリハロメタン）

トリハロメタンができやすかった浄水場では「前塩素」処理の代わりに「オゾン」処理へと転換

＊3　塩素消毒に使う塩素は「後塩素」。マンガン、アンモニアや有機物などを酸化分解するのにはじめに使う塩素を「前塩素」という。
＊4　クロロホルムはトリクロロメタンともいう。

■ ミネラルが特別多いわけではないミネラルウォーター

飲み水として商品化されているもの、それがミネラルウォーターです。とはいえ、ミネラルの量が多いからそのような一般名がつけられたわけではありません。飲み水の水道水や井戸水（地下水）、そして湧き水も、皆いくぶんかのミネラルを含んでいます。つまり、**飲み水をそのような名前で呼んだだけ**です。ですから、水道水もボトルに詰めれば「ミネラルウォーター」ということになります。

市販されているミネラルウォーターのほとんどは、地下水をくんで、加熱殺菌してボトルに詰めたものです。たまに飲む「嗜好品」の位置づけですから、毎日飲むことを前提に厳しい安全基準を設定していません*5。ミネラルウォーターには水道水に含まれる塩素は含まれていません。

■ 軟水と硬水

「水が硬い・柔らかい」などということがあります。水の硬度とは、水に含まれる**カルシウム**と**マグネシウム**が 1 L 中に何 mg あるかを示したものです。アメリカ式の硬度表記では、炭酸カルシウム量に換算して表記します。

硬水とはカルシウム・マグネシウムが 120 mg 以上あるものを指します。日本の水は、沖縄など石灰岩が多い水源の地域を除き、多くが**軟水**です。

国産のミネラルウォーターは、塩素以外は、水道水のミネラ

＊5　水道水と比べ、求められる水質管理の基準が緩い。

ル量とほとんど変わらないものが多いですが、フランスから輸入されたミネラルウォーターには、かなり硬度の高い硬水のものがあります。

■ おいしい水とは？

水温は、水のおいしさにとって大事な条件です。夏なら10〜15℃、他の季節なら8〜10℃くらいに冷やして飲むと水道水もミネラルウォーターもおいしく飲めます。

また、溶け込んでいる物質も影響します。おいしい水は、味をよくする成分(二酸化炭素、酸素、カルシウム)を適度に含んでいて、味を悪くする成分を含まない水です。

(28-2) おいしい水の条件

水質項目	要件値	内容
水温	最高 20℃以下	水温が高くなるとおいしくないと感じる 冷やすことでおいしく感じる
蒸発蒸留物	30〜200 mg/L	量が多いと苦味・渋味等が増し、適度に含まれるとコクのあるまろやかな味となる
硬度	10〜100 mg/L	カルシウム・マグネシウムの含有量を示し、硬度の低い水はクセがなく、高いと好き嫌いが出る
遊離炭酸	3〜30 mg/L	水に爽やかな味を与えるが、多いと刺激が強くなる
過マンガン酸カリウム 消費量	3 mg/L 以下	不純物や過去の汚染の指標であり、量が多いと水の味を損なう
臭気度	3 以下	水源の状況によりいろいろな臭いがつくと不快な味がする
残留塩素	0.4 mg/L 以下	水にカルキ臭を与え、濃度が高いと水の味を悪くする

厚生省(現厚生労働省)おいしい水研究会による「おいしい水の要件」(1985年)より

三大栄養素の元素って何？

私たちが食べ物としているものには、主食としているご飯やパンのほか、肉、魚、卵、乳製品、野菜、果物などがあります。こうした食べ物（三大栄養素）に含まれる元素は何でしょうか。

■三大栄養素とは

三大栄養素とは、炭水化物、タンパク質、脂肪の3つです。

炭水化物はエネルギーのもとになります。 日本人は1日の摂取カロリーの約60%を炭水化物からとっています。炭水化物は体内で直接分解できる「糖質」と、分解できない「食物繊維[1]」があります。糖質は1g当たり4kcalのエネルギーになります。

タンパク質は主に体をつくっています。 生物の体をつくる細胞には、必ずタンパク質が含まれていて、植物であろうと動物であろうとタンパク質で体がつくられています[2]。細胞をつなぎとめているのも、体のなかで起こるさまざまな化学反応を手助けしている酵素もタンパク質からできています。タンパク質は1g当たり4kcalのエネルギーになります。

脂肪は、ひと言でいえば「あぶら」のなかまです。 主にエネルギーの元になりますが、体を形づくるはたらきもあります。脂肪からは1g当たり9kcalのエネルギーになります。

---

[1] 食物繊維はセルロースなどからできていて、胃や小腸では消化されず、大腸内の細菌による発酵で人が吸収することができるエネルギー源になる（1g当たり1〜2kcal）。

[2] たとえばキュウリにもタンパク質は含まれている。ただその量がブタ肉やニワトリの卵に比べると少ないだけ。

■ 炭水化物

　植物が、水と二酸化炭素から、光合成によって最初につくるのは**ブドウ糖**です。ブドウ糖が多数結合するとデンプンやセルロースなどになります。同じブドウ糖が結合しても、結合の仕方が異なると、まったく性質の違う物質になってしまいます[*3]。ご飯やパンの主な成分はデンプンです。デンプンは消化されるとブドウ糖になって体内に吸収されます[*4]。

　ブドウ糖は、二酸化炭素 $[CO_2]$ 分子と水 $[H_2O]$ 分子に含まれる水素原子 **H** が結合してできた物質なので、炭素 **C** と水素と酸素 **O** の3種類の元素だけでできています。

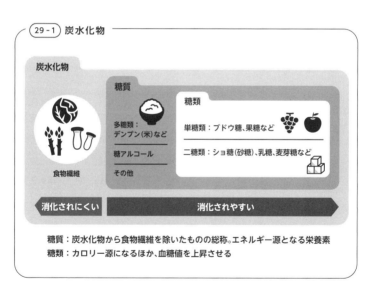

(29-1) 炭水化物

炭水化物

糖質

多糖類：デンプン（米）など

糖アルコール

その他

食物繊維

糖類

単糖類：ブドウ糖、果糖など

二糖類：ショ糖（砂糖）、乳糖、麦芽糖など

消化されにくい　　　　消化されやすい

糖質：炭水化物から食物繊維を除いたものの総称。エネルギー源となる栄養素
糖類：カロリー源になるほか、血糖値を上昇させる

---

　*3　デンプンの場合、ブドウ糖がひとつ結合するたびに少しずつらせん状に折れ曲がっていく。これに対してセルロースは、直線的にまっすぐに伸びた構造をしている。

　*4　とくに脳や神経は、主にブドウ糖をエネルギー源として使っている。

■**タンパク質**

タンパク質を分解すると、およそ20種類の**アミノ酸**になります。すべての生物の体は、皆この20種類のアミノ酸の結合によってつくられています[*5]。

アミノ酸は、カルボシキ基（–COOH）のほかにアミノ基（–NH_2）をもっているので、CとOとHのほかに必ず窒素**N**をもっています。このN原子は硝酸イオン［NO_3^-］やアンモニウムイオン［NH_4^+］の形で、水と一緒に根から吸収されています。ですから、タンパク質は元素として炭素と水素と酸素のほかに必ず窒素からできています[*6]。

肉、魚、卵、大豆（豆腐など）、乳製品などに含まれるタンパク質は消化されてアミノ酸として吸収され、体内でアミノ酸をふたたびつなぎ、目的に合ったタンパク質をつくります。

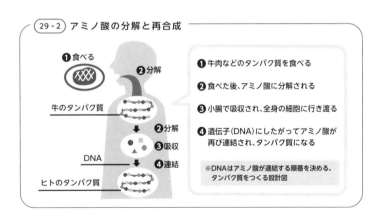

(29-2) **アミノ酸の分解と再合成**

❶食べる
❷分解
牛のタンパク質
❷分解
❸吸収
DNA
❹連結
ヒトのタンパク質

❶牛肉などのタンパク質を食べる

❷食べた後、アミノ酸に分解される

❸小腸で吸収され、全身の細胞に行き渡る

❹遺伝子（DNA）にしたがってアミノ酸が
再び連結され、タンパク質になる

※DNAはアミノ酸が連結する順番を決める、
タンパク質をつくる設計図

[*5] タンパク質の種類は非常に多く、ヒトでは約10万種といわれている。
[*6] アミノ酸にはそのほかに硫黄を含んでいる場合がある。

■ 脂肪

　植物は光合成でつくった**ブドウ糖**をもとにして、**脂肪**[*7] も合成します。ゴマ油もナタネ油もオリーブ油も、すべてブドウ糖をもとに植物の体でつくられたのです。

　脂肪は、グリセリンに3個の脂肪酸が結合してできていますが、ゴマ油・ナタネ油・オリーブ油といった違いは、脂肪酸の違いに起因しています。脂肪酸はリノール酸やオレイン酸など20種類余りあります。

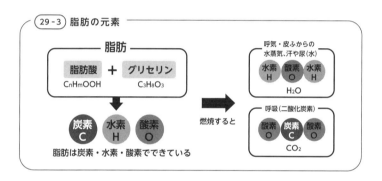

(29-3) 脂肪の元素

　脂肪の分子は水分子となじまない性質をもっています。体内で消化され、脂肪酸とモノグリセリド[*8] として、小腸の壁にある柔毛（じゅうもう）からリンパ管を通して吸収され、体内でふたたび脂肪に合成されたり他の物質を生成するための材料になります。グリセリンも脂肪酸も、**C**と**H**と**O**の3種類の原子だけでできており、元素としては炭素と水素と酸素からできています。

---

*7　化学的には常温で固体のものが脂肪、液体のものが脂肪油、合わせて油脂と呼ぶ。リン脂質や糖脂質なども含めて脂質ということもある。

*8　脂肪はグリセリンと脂肪酸に消化されると考えられてきたが、現在では脂肪酸とモノグリセリドに消化されることがわかっている。

30 ビタミンやミネラルの元素って何？

前節で紹介した三大栄養素にビタミンとミネラルを加えたもの
を五大栄養素といいます。ビタミンとミネラルはどんな元素で
できているのか見てみましょう。

■ ビタミンは有機物

　三大栄養素はどれもエネルギー源になる有機物です。一方
で、それらと比べて微量ではあるものの、生物が正常に生き
るために必要なものがあります。それが**ビタミン**で、体内で
はほとんど合成することができないため、食物から摂取する
必要がある有機物のことをいいます。

　生物によって体内でつくれないものは異なるため、必要とす
るビタミンも動物によって異なります。たとえば**ビタミンC**
は、多くの動物ではブドウ糖から体内で合成されますが、ヒ
トやサルなどでは合成できません。したがって、ビタミンC
は多くの動物ではビタミンではありませんが、ヒトやサルな
どにとってはビタミンになります。

■ ビタミンの欠乏症と過剰症

　人間には13種類のビタミンがあり、その性質から**水溶性ビ
タミン**と**脂溶性ビタミン**に大きく分けられます。

　水溶性ビタミンは血液などの体液に溶け込んでいて、余分な

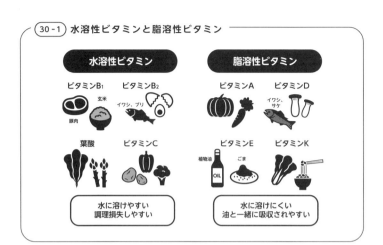

30-1 水溶性ビタミンと脂溶性ビタミン

水溶性ビタミン

ビタミンB₁　ビタミンB₂

豚肉　玄米　イワシ、ブリ

葉酸　ビタミンC

水に溶けやすい
調理損失しやすい

脂溶性ビタミン

ビタミンA　ビタミンD

イワシ、サケ

ビタミンE　ビタミンK

植物油　ごま

水に溶けにくい
油と一緒に吸収されやすい

ものは尿として排出されます。このため体内の量が多くなり
すぎることはあまりないと考えられています。

　一方、脂溶性ビタミンは水に溶けない性質があり、主に脂肪
組織や肝臓に貯蔵されます。体の機能を正常に保つはたらきを
していますが、とりすぎると過剰症を起こすことがあります。

　ビタミンが欠乏すると特定の酵素のはたらきが悪くなり、代
謝活性が阻害されてさまざまな疾病が見られます。それらを
欠乏症と呼び、その多くはビタミンを補給すれば症状がおさ
まります。一方で、脂溶性ビタミンの多くは過剰に摂取する
と体内に蓄積し好ましくない症状を引き起こします。

　ビタミンは有機物なので、共通して炭素 **C**、水素 **H**、酸素 **O**
からできていますが、窒素 **N** や硫黄 **S** を含むものがあります*¹。

＊1　構造が複雑なビタミン B₁₂ は金属元素のコバルトを含む。

		種類	欠乏症
水溶性ビタミン	ビタミンB群	ビタミンB₁	脚気、多発性神経障害、浮腫、便秘、食欲不振など
		ビタミンB₂	口角炎、口唇炎、口内炎、角膜炎、脂漏性皮膚炎など
		ナイアシン	ペラグラ皮膚炎、口舌炎、皮膚炎、胃腸病など
		パントテン酸	皮膚障害、子どもの成長停止など
		ビタミンB₆	皮膚炎、神経障害、食欲不振、貧血など
		ビオチン	皮膚障害、脱毛など
		葉酸（ホラシン）	栄養性大赤芽球性貧血、口内炎、下痢など
		ビタミンB₁₂	大赤芽球性貧血、神経障害など
		ビタミンC	壊血病、食欲不振など
脂溶性ビタミン		ビタミンA	脚気、夜盲症、角膜乾燥症、感染抵抗力低下など
		ビタミンD	くる病、骨粗しょう症、骨軟化症、など
		ビタミンE	溶血性貧血、不妊、筋委縮など
		ビタミンK	頭蓋内出血、止血しにくいなど

■ ミネラルは無機物

三大栄養素とビタミンは有機物ですが、**ミネラル**（無機質、灰分ともいう）はそれ以外の物質で無機物です。

ミネラルには、多くの摂取が必要なものと、わずかに必要なものがあります。多く必要なものを**主要（多量）ミネラル**、わずかに必要なものを**微量ミネラル**といいます。

ミネラル摂取の注意点は、通常の食事では過剰摂取の心配はないものの、サプリメントで大量摂取すると、体に異常が現れることです[2]。

＊2　たとえば鉄の過剰摂取によって肝硬変や糖尿病などが起こることもある。

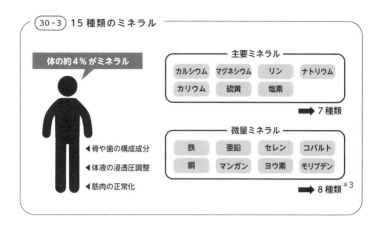

体の約4%がミネラル

主要ミネラル

カルシウム	マグネシウム	リン	ナトリウム
カリウム	硫黄	塩素	

➡ 7種類

◀骨や歯の構成成分
◀体液の浸透圧調整
◀筋肉の正常化

微量ミネラル

鉄	亜鉛	セレン	コバルト
銅	マンガン	ヨウ素	モリブデン

➡ 8種類[*3]

　ミネラルのうち、もっとも不足しがちなのが**カルシウムCa**です。牛乳やヒジキ、小松菜などに含まれています。カルシウムは人体内で、骨や歯だけではなく、血液中にも存在しています。血液中のカルシウムが不足すると骨を溶かして必要な量になるように調整するため、カルシウムが不足すると骨粗しょう症や高血圧、動脈硬化をもたらします[*4]。なお、カルシウムを多くとると骨が増えるならば骨折が防げそうに思えますが、骨折が防げるかどうかについては研究ごとに結果が異なり、いまだ結論は出ていません。

　カリウムKもWHO（世界保健機関）では1日に3.5 g以上の摂取を推奨していますが、日本人は平均で2.5 g以下で不足しがちなミネラルです。カリウムを多くとると、血圧降下と合わせて、脳卒中予防に役立つことが示されています。

＊3　微量ミネラルにクロムを入れる場合もあるが、近年はミネラルではないという意見もあり、ここでは除外している。
＊4　逆にカルシウムが多すぎると、柔らかくないといけない軟組織が石灰化して硬くなったり、鉄や亜鉛の吸収障害、便秘が起こる。

31 調味料はどんな元素でできている?

料理の味や素材の持ち味などを調整し、料理全体の味を調える
はたらきをするのが調味料です。もっとも一般的な調味料の食
塩、砂糖、酢、醤油をつくる元素を見ていきましょう。

■ 食塩の主成分は塩化ナトリウム

もっとも一般的な塩は家庭用の小袋（食塩 500 g・1 kg）のも
ので、公益財団法人塩事業センターから販売されています。比
較的サラサラして、分散性もよく、万能型の扱いやすい塩です。

その成分の内訳（100g 当たり）は次の通りです[*1]。

塩化ナトリウム [NaCl]	99.56g
水	0.11g
にがり分	0.33g

にがり分はイオンではカルシウムイオン [Ca^{2+}]、マグネシウ
ムイオン [Mg^{2+}]、カリウムイオン [K^+]、硫酸イオン [SO_4^{2-}]、
それに塩化物イオン [Cl^-] です。

金属元素としては、**ナトリウム Na**、**カリウム K**、**カルシウム
Ca**、**マグネシウム Mg**、非金属元素としては、**塩素 Cl**、**水素 H**、
酸素 O、**硫黄 S** からできています。食塩減塩タイプではナトリ
ウムを減らしてカリウムなどのにがり分を増やしています。食

[*1] 公益財団法人塩事業センターによる分析データ例「食塩 500g・1kg・5kg・25kg」参照。
https://www.shiojigyo.com/product/upload/analytical_value.pdf

卓塩ではにがり分の吸湿性を減らしてサラサラな状態が続くように**炭酸マグネシウム**を加えているので元素として炭素が加わります。

　塩事業センターの食塩はイオン交換膜法で海水を濃縮してからその濃縮したものを釜で煮詰めてつくっています。

　最近では、塩化ナトリウム純度の高い食塩よりもっとにがり分の多い天日塩（てんぴじお）などの塩も使われています。

■ 砂糖の主成分はショ糖

　砂糖は主にサトウキビとテンサイ（ビートあるいはサトウダイコンとも呼ばれる）のしぼり汁から得られます。

　砂糖には、上白糖（白砂糖）、グラニュー糖、三温糖（さんおん）*2、きび砂糖、黒砂糖などがあります。上白糖などしっとり感があるのは水分が含まれているからです。

　きび砂糖や黒糖はカリウムやマグネシウムなどのミネラル分が少し入っています*3。

　砂糖の主成分はショ糖というブドウ糖と果糖が結びついた糖類です。ブドウ糖と果糖はともに炭素原子6個、水素原子12

31-1　砂糖の分類

精製糖　　　含蜜糖

上白糖　三温糖
＊
グラニュー糖

黒糖　　かえで糖

強くクセのない
甘味が特徴

素材特有のコクの
ある甘みが特徴

---

*2　三温糖は色づいているが、その色は砂糖を焦がしたようなカラメルで、特別な物質が含まれているわけではない。

*3　ただし、それらは普段の食事の野菜などに多く含まれており、砂糖からとる必要はない。

個、酸素原子 6 個からなる分子[$C_6H_{12}O_6$]で、水分子が取れて結びつき、ショ糖分子 [$C_{12}H_{22}O_{11}$] になっています。元素としては**炭素 C、水素、酸素**からできています。

■ 酢の酸っぱさの元は酢酸（さく）

　酢は酸味のある調味料の総称です。よく使われているのは穀物から醸造によってつくった醸造酢です。他に果実酢があります。酢の成分は、醸造酢では一般的に主として**酢酸**[CH_3COOH]で、果実酢ではさらにクエン酸、リンゴ酸、シュウ酸、酒石酸なども加わります。

　醸造酢の米酢（こめず）の成分例[4]を見てみましょう。米酢は米を麹（こうじ）にしてそれからアルコールを経て酢にします。まず水が大半で 100 g 当たり 87.9 g、酢酸が 4.4 g、炭水化物が 7.4 g、タンパク質が 0.2 g、灰分（ミネラル）が 0.1 g です。灰分はナトリウム、カリウム、カルシウム、マグネシウム、リン、鉄、亜鉛です。

　元素としては主に**水素、酸素、炭素**にタンパク質の**窒素 N**や**硫黄**プラス灰分（それぞれの相手の塩素なども）です。

■ わが国特産の代表的調味料 「醤油」（しょうゆ）

　醤油は、わが国の食文化を支える調味料で、大きく 5 種類に分けられます。小麦と大豆にコウジカビを植えつけてつくった醤油麹に、食塩水を加え「もろみ」にして乳酸菌で発酵させ、さらに酵母で発酵させてしぼった、特有の風味のある黒茶色

＊4　オンライン食品成分表「＜調味料類＞（食酢類）米酢」参照。https://nu-coco.com/food/?code=17016

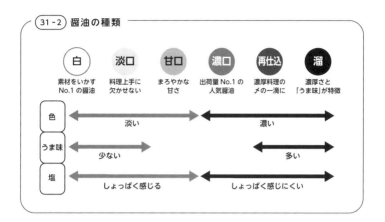

の液体です。5種類の中で濃口醤油は、全国の8割以上を占めるごくふつうの醤油で、日本の醤油の代表格です。

醤油のボトルのラベルには品質表示*5と栄養成分表示が示されています。

わが家の醤油（濃口醤油）の栄養成分ラベルには、「大さじ1杯（15mL当たり）」として、「熱量15 kcal、たんぱく質1.5 g、脂質0 g、炭水化物2.0 g、糖質1.9 g、食物繊維0.1 g、食塩相当量2.5 g」との記載があります。

表示されてはいませんが微量成分として、発酵の過程でできるアルコールとさまざまな有機酸が反応してエステル*6ができて複雑な香りや味をつくりだします。

水、タンパク質と炭水化物は元素として合わせて**炭素**、**水素**、**酸素**、**窒素**、**硫黄**、食塩として**ナトリウム**と**塩素**を含みます。

---

*5　名称、原材料名、内容量、賞味期限（品質保持期限）、保存方法、製造業者等（輸入品は輸入者）の氏名または名称および住所が一括して表示してある。

*6　酸とアルコールとから水が取れてできる化合物の総称。芳香をもつものが多い。

32 湯飲みやお茶碗は何でできている？

セラミックスは、湯飲みやお茶碗などのいわゆる「焼き物」で、私たちの身近にたくさんあります。セラミックスをつくる元素を紹介しましょう。

■三大材料のひとつ

私たちのまわりにはさまざまな物質がありますが、それらをつくっている材料は主に3種類あります。それが**金属材料**（鉄鋼、アルミなど）、**有機材料**（プラスチックなど）、そして**セラミックス**で、これらを「三大材料」といいます。セラミックスは金属やプラスチックに肩を並べるとても優秀な材料なのです。

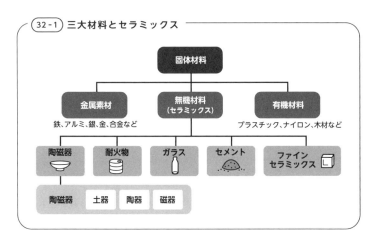

32-1 三大材料とセラミックス

日本で最初期につくられたセラミックス製品は**縄文土器**で、紀元前1万6500年にまでさかのぼります。人類の土器の利用は紀元前2万〜1万5000年のあたりに始まっており、古くから使われている道具が基本的な姿を変えずに現代でも使われているというのには、驚きを通り越してなんだか不思議な感じさえします*1。

■ 陶磁器の元素

セラミックスのつくり方を伝統的な陶磁器を例に見ていきましょう。

陶磁器にまず必要なものは、**粘土**です。粘土にはケイ素 **Si** の酸化物である二酸化ケイ素や、アルミニウム **Al** を含むカオリナイトという鉱物が含まれることもあります。また多くの場合、鉄分 **Fe** が含まれます。また酸化物を利用することから、酸素 **O** が主成分ということになります。

この粘土に水を加えて、こねることで空気を抜き、焼くことでセラミックスとなります。水の量、空気の抜き加減、焼く回数や温度によっても仕上がりの質に差がつきます。

1回目の焼きが終了した状態を**素焼き**といい、縄文土器などのいわゆる「土器」と呼ばれるものはこの状態です。

ここで作業をやめると吸水性の器になってしまい、水を入れるコップなどには不向きです。そこで、素焼きの表面にケイ素成分を含む液体を塗ります。これを「釉薬（ゆうやく）」といいます。釉薬を塗っ

---

*1　2012年に中国・江西省の洞窟遺跡で発見された土器の破片が2万〜1万9000年前のもので世界最古と推定されている。「世界最古の焼き物」はチェコのドルニ・ベストニツェ遺跡から出土したビーナス像といわれ、紀元前2万9000〜2万5000年につくられたものとされる。

た器をさらに焼くと、器の表面にガラス成分の膜ができ、これによって器は吸水性を失います。こうして使い勝手をよくしたものが陶磁器です。

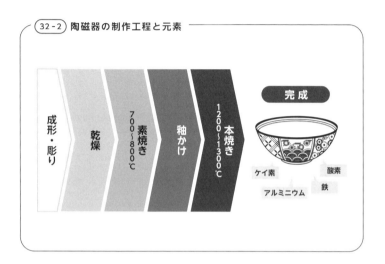

32-2 陶磁器の制作工程と元素

成形・彫り　乾燥　素焼き 700〜800℃　釉かけ　本焼き 1200〜1300℃

完成

ケイ素　酸素　アルミニウム　鉄

■ 有田焼と元素

　日本で有名な磁器のひとつに有田焼があります。有田焼は佐賀県有田町の特産品で、白い磁器（白磁）に赤、青、緑、黄色といったさまざまな「上絵の具」で着色を施します。

　有田焼で古くから使われた上絵の具では、金属酸化物を使って多様な色を生みだしました。緑は銅 Cu、青はコバルト Co、紫はマンガン Mn、赤と黄色は鉄 Fe を使って着色しています。

33 ファインセラミックスって何？

近年セラミックスは、単なる「焼き物」の範疇を超え、さまざまな領域で私たちの豊かな生活を支えるようになりました。それを実現したのが「ファインセラミックス」です。

■ 進化するセラミックス

「セラミックス」はもともと食器などに使われている陶磁器を指す言葉でしたが、そこから「焼き固めてつくられたもの」一般を意味する言葉になりました。建物をつくるレンガや、デッサン人形に使われる石膏、意外なところではトイレの便器の材料もセラミックスです。

セラミックスは加える水の量や焼く温度によって品質が変わります。そのため、「土器」の時代から「陶磁器」を経て、これまでの試行錯誤によってずっと進化が続いてきました。

そして現代、さらに高度な化学技術によって生みだされたものが高性能セラミックス材料、通称「ファインセラミックス」なのです。

■ ファインセラミックスをつくる元素

ファインセラミックスはさまざまな元素に酸素 O や窒素 N が結合した材料でつくられます。

古くからの陶磁器はケイ素 Si を主成分としていますが、フ

ァインセラミックスの代表はアルミニウム **Al** が主成分です。アルミニウムの酸化物である「アルミナ」は**破壊されにくい、摩耗しにくい、耐熱性が高い**などの優秀な性能のため広く用いられています。

　ジルコニウム **Zr** という元素の酸化物「ジルコニア」はセラミックス刃物の材料です。最近は金属製でないハサミや包丁がありますが、これらは**ジルコニア製**です。刃物をセラミックスでつくるのは従来不可能だといわれていましたが、現代化学がこれを克服したのです。

（33 - 1）**キッチンにあるファインセラミックス製品の例**

包丁　　ピーラー　　スライサー　　ハサミ　　フライパン

【特徴】軽い、摩耗しにくい、切れ味が長続きする、腐食しにくい

　電気回路にもセラミックスが使われています。チタン **Ti** とバリウム **Ba** を含む「チタン酸バリウム」は電気をためる性質にすぐれており、コンデンサと呼ばれる電子部品に使われます。また、ジルコニウムとチタンに鉛 **Pb** を加えた「チタン酸ジルコン酸鉛」というセラミックスは電気信号を加えること

で振動したり、逆に振動させることで発電することができる材料で、これも電子部品に用いられます。

　古くから用いられるケイ素も、窒素と組み合わされることでファインセラミックス材料となります。「窒化ケイ素」は高温下でも強度があり、衝撃に強く、かつ軽量という性質があり、エンジンの部品材料に適しています。

(33-2) ファインセラミックスの種類

ジルコニア [ZrO_2]	ファインセラミックスのなかでもっとも高い強度・靱性をもつ。刃物に利用されるほか、単結晶は宝石にも利用される。
チタン酸バリウム [$BaTiO_3$]	高い伝導性をもち、電気をためる性質にすぐれる。コンデンサ部品に使われる。
窒化ケイ素 [Si_3N_4]	高硬度、摩擦性能にすぐれる。高い耐熱性をもつことからエンジン部品に使われる。

■ 可能性はまだまだ広がる

　ファインセラミックスは日本企業の京セラ創業者・稲盛和夫氏が名づけたといわれています。

　熱に強い、**壊れにくい**、**電気を通す**など、産業のさまざまな場面で活躍できる高い性能をもつセラミックス材料が日々開発されています。私たちは「ファインセラミックス・ワールド」に生きているといえるでしょう。

> ガラスは私たちの生活になじみ深い材料です。用途や場面に応じてさまざまなガラスが開発されています。ガラスに使われている元素を見てみましょう。

■ ガラスと焼き物は似ている

多くのガラスの主成分はケイ素 **Si** と酸素 **O** の化合物である**ケイ酸**です。ここにナトリウム **Na**、カルシウム **Ca**、アルミニウム **Al** などの酸化物が加わります。用途によってはもっと特殊な金属酸化物を使うこともあります。

「ケイ素や金属元素の酸化物でできた物体」として見ると、ガラスは焼き物とよく似た材料からできています。このことから、ガラスもセラミックスに含まれることが多いです。

■ 身近なガラスの化学

私たちの生活でもっともよく目にするガラスは「**ソーダ石灰ガラス**」と呼ばれるものです。窓ガラス、瓶ガラス、食器ガラスに用いられ、主成分は二酸化ケイ素 $[SiO_2]$、酸化ナトリウム $[Na_2O]$、酸化カルシウム $[CaO]$ で、構成比は右図の通りです。このうち、酸化ナトリウム（15%）のおかげで、ガラスは適度な温度でぐにゃりと変形する加工性のよいものになります。また、酸化ナトリウムの量をさらに増やすと、より低い

温度で変形させることができるようになります[1]。

酸化カルシウムは約10%含まれていて、大気中の二酸化炭素や水によるガラスの劣化をおさえるはたらきがあります[2]。ガラスの成分は複雑ですが、そのどれもがなくてはならない成分で、絶妙なバランスで混ぜられているのです。

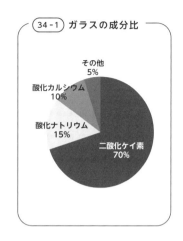

34-1 ガラスの成分比

その他 5%
酸化カルシウム 10%
酸化ナトリウム 15%
二酸化ケイ素 70%

■ 特別なガラス

　一般的なガラス（ソーダ石灰ガラス）以外の特別なガラスもあります。二酸化ケイ素が100%のガラスを「**石英ガラス**」といいます。加熱しても軟化せず、温度変化に強く、耐酸性も高い優秀な材料で、「ガラスの王様」の異名をもちます。光ファイバーなどに用いられます。

　主成分に酸化ホウ素［B_2O_3］が使われているものを「**ホウケイ酸ガラス**」といいます。有名なのはソーダ石灰ガラスの CaO が B_2O_3 に置き換わったパイレックスガラスです。耐熱性が高いため、ビーカーなど実験用ガラス器具や耐熱性食器に用いられています。

　シャンデリアやカットグラスに使われているガラスは「**鉛ガ**

＊1　たとえば紀元前1400年頃につくられたガラス製品は酸化ナトリウムを20%程度含む。
＊2　たくさん入れすぎると、ガラスの美しさが損なわれる。

ラス」です。名前の通り、大量の酸化鉛［PbO］が含まれており、光の屈折率が大きいためダイヤモンドのようにキラキラと輝きます。

■ ガラスの色の元素

ガラスを使った美術品といえば、色とりどりのステンドグラスを思い浮かべる人も多いでしょう。ガラスに色をつける方法はいくつかありますが、伝統的なものは金属元素を微量添加してイオンの発色を利用することです。

着色元素と色の関係の一例を表にしました。同じ元素が異なる色を生みだすことがありますが、これは色をつけるガラスの種類や着色の際の窯の状態によっても色が変わるためです。

ちなみに、ビール瓶などについている褐色は鉄 **Fe** による発色です。褐色瓶は紫外線をカットするため、光が当たると劣化する薬品を入れておくのに重宝します。ビールも光で劣化して風味が落ちるので、褐色の瓶で売られています。

(34 - 2) ガラスの色と元素

ガラスの色	色を生みだす元素
赤色	銅（金属コロイドによる発色）
青色	コバルト、銅、鉄
黄色	クロム、鉄
緑色	クロム、鉄、銅
褐色	鉄
紫色	マンガン

プラスチックと紙は親戚だった？

私たちの生活はプラスチックが支えているといっても過言ではありません。一方で、「紙」もプラスチックと同じ「高分子」で、両者は親戚関係にあります。どういうことか見てみましょう。

■ プラスチックにあふれた生活

プラスチックと聞いたとき、皆さんは何を想像するでしょうか。ペットボトルやシャンプーボトル、電化製品の外装などの硬いプラスチック材料がまっさきに思い当たりますが、レジ袋や合成繊維、発砲スチロールなどもれっきとしたプラスチックです。

こうして見てみると、私たちのまわりには多種多様なプラスチックがあることに気づきます。しかし、それらの材料となる主な元素はたかだか3種類程度しかありません。

■ 軽い元素がプラスチックをつくる

プラスチックの主成分は炭素 C と水素 H、そして酸素 O です。

この3元素は多種多様なつながり方をすることができ、そのことがさまざまな特徴のプラスチックがあるひとつの理由になっています。これらの元素はどれも原子ひとつひとつが軽いため、プラスチックの共通の性質として金属やセラミックス材料と比べて非常に軽いということがあります。身のま

ポリエチレン $[(C_2H_4)_n]$	レジ袋、ぬれた傘を入れる傘袋、おしぼりの包装袋、菓子の包装袋、食品用真空パック袋
ポリプロピレン $[(C_3H_6)x]$	DVDケース、自動車部品、家電製品の外装、コップやゴミ箱などの雑貨品
ポリエチレン テレフタラート $[(C_{10}H_8O_4)_n]$	ペットボトル、飛沫を防ぐ仕切り板
アクリル樹脂 $[(C_5O_2H_8)_n]$	電子部品、道路標識、キーホルダー

わりの製品が小型化・軽量化していく理由のひとつには、プラスチックの普及があるのです。

■ **プラスチックの意外な親戚？**

プラスチックは「**人工的**」な「**高分子**」です。高分子とは同じパーツがくり返しつながってできるとても大きな分子のことで、さながら同じリングパーツがくり返しつながってできている鎖のようなイメージです。プラスチックは石油を原料として人工的につくられた高分子で、ドロドロした液体である石油に化学変化を起こすことで生みだします。

人工的ではない、「**天然**」の高分子も存在します。たとえば、紙がそうで、天然の植物のなかからとってきた高分子（主にセ

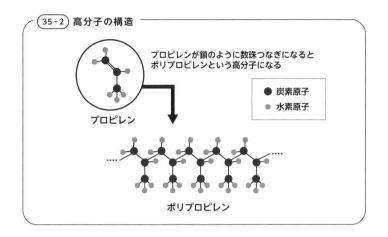

35-2 高分子の構造

プロピレンが鎖のように数珠つなぎになると
ポリプロピレンという高分子になる

● 炭素原子
● 水素原子

プロピレン

ポリプロピレン

ルロース）を固めたものです。また、木綿のような自然からとれる繊維も天然高分子材料です。ほかにもデンプンやタンパク質、DNAも天然高分子です。

　紙や綿もプラスチックと同じく炭素、水素、酸素からできています。つまりプラスチックと紙は人工か天然かの違いはありますが、非常に近い、親戚のような関係なのです。

■ ノーベル賞を取った特殊なプラスチック

　2000年のノーベル化学賞は「**電気を流すプラスチックの発明**」に贈られました[*1]。

　ペットボトルなどで試してみるとわかるように、ふつうのプラスチックは電気を通しません。もちろん紙も電気を通しま

---

*1　2000年のノーベル化学賞がアメリカのマクダイアミッドとヒーガー、日本の白川秀樹が受賞した。

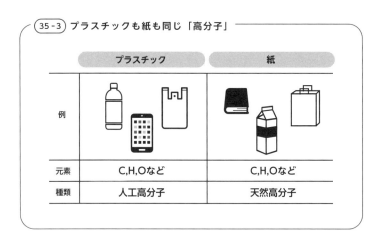

35-3　プラスチックも紙も同じ「高分子」

	プラスチック	紙
例		
元素	C,H,Oなど	C,H,Oなど
種類	人工高分子	天然高分子

せん。それが高分子の常識なのです。

そういう意味で、電気を通すプラスチックは常識を凌駕した発明品でした。方法は薄膜状につくったポリアセチレンというプラスチックにヨウ素ガス〔I_2〕やフッ化ヒ素〔AsF_5〕をごく少量だけ加えることでした。このように微量の物質を添加することで、ポリアセチレンの導電性は10億倍にも跳ね上がり、金属と同じぐらい電気を通しやすいプラスチックが完成したのです。

電気を通すプラスチックの研究は進み、現在では映像ディスプレイやタッチパネルや電子部品に使われています。これから先もさまざまな常識を超えたプラスチックが発明され、私たちの生活を支えてくれることでしょう。

第 **6** 章

「光・色」にあふれる元素

LED 電球が増えてきたとはいえ、まだまだ照明器具として一般的なのが蛍光灯です。同じワット数なら白熱電球よりもずっと明るく、寿命も長いすぐれものです。

■ 蛍光灯に使われている素材

　私たちの身近な存在である蛍光灯は、蛍光管の中で発生する紫外線を蛍光物質に当てることで、目に見える可視光線として取りだすランプです。では、どんな素材が使われているのでしょうか。

　蛍光灯は円筒形のガラス管で、両端に電極がついています。電極はタングステン W でできたフィラメントで、二重あるいは三重のコイルになっています。電流を流すことでここから熱電子を放出します。フィラメントには電極の電子放出を促進するための電子放射物質が塗ってあり、ここにはバリウム Ba、ストロンチウム St、カルシウム Ca などの酸化物が使われています[1]。

　またガラス管には貴ガスのアルゴン Ar [2] とわずかな水銀 Hg が入れてあります。この水銀に熱電子を当てることで、紫外線が飛びだします。

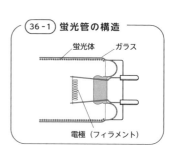

(36-1) 蛍光管の構造

蛍光体　ガラス

電極（フィラメント）

---

[1]　これらの物質が消耗し終えると電子が放出されなくなり、寿命（不点寿命）になる。
[2]　アルゴンは、放電を開始しやすくし、フィラメントの劣化を防ぐ役割がある。

■蛍光塗料を通して光が見える

　蛍光灯のスイッチを入れると、フィラメントから放出された熱電子はガラス管内の水銀原子に高速でぶつかることで、水銀原子から紫外線が飛びだします。

　ただし、人が目にすることができる光（可視光線）は紫色から赤色のあいだで、紫外線はその外側にあるため目に見えません*3。そこで重要な役割を担うのが、ガラス管の内側に塗られた蛍光物質です。水銀原子から飛びだした紫外線はガラス管の内壁に塗られた蛍光物質に吸収されることで、可視光線になり、蛍光管の外側に放射されるのです。このように蛍光物質によって光を出すことから「蛍光灯」と呼ばれます。

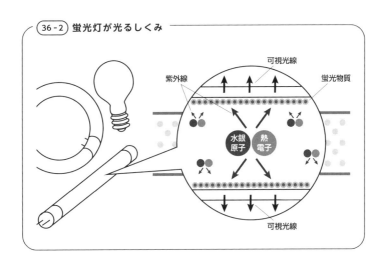

(36-2) 蛍光灯が光るしくみ

＊3　紫外線は可視光線より波長が短く、エネルギーが強いのが特徴。

管の内壁に塗られた蛍光物質は「光の三原色」である赤、緑、青に発光する３種類の蛍光体で、外部からの光の刺激を受けることで発光します。

　蛍光体には有機蛍光体と無機蛍光体がありますが、蛍光灯の管の製造には 400 〜 600℃の加熱工程が入るため、それでも分解しない丈夫な**無機蛍光体**が使われます。

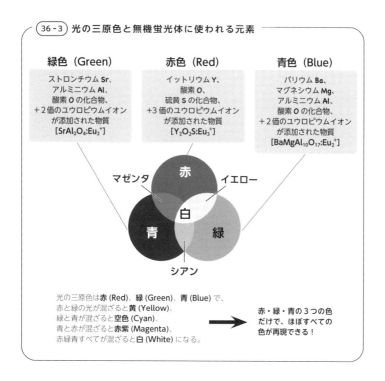

（36 - 3）光の三原色と無機蛍光体に使われる元素

緑色（Green）
ストロンチウム Sr、
アルミニウム Al、
酸素 O の化合物、
＋2価のユウロピウムイオン
が添加された物質
[$SrAl_2O_4:Eu_2^+$]

赤色（Red）
イットリウム Y、
酸素 O、
硫黄 S の化合物、
＋3価のユウロピウムイオン
が添加された物質
[$Y_2O_2S:Eu_3^+$]

青色（Blue）
バリウム Ba、
マグネシウム Mg、
アルミニウム Al、
酸素 O の化合物、
＋2価のユウロピウムイオン
が添加された物質
[$BaMgAl_{10}O_{17}:Eu_2^+$]

マゼンタ　　赤　　イエロー

白

青　　　　　　緑

シアン

光の三原色は**赤**(Red)、**緑**(Green)、**青**(Blue)で、
赤と緑の光が混ざると**黄**(Yellow)、
緑と青が混ざると**空色**(Cyan)、
青と赤が混ざると**赤紫**(Magenta)、
赤緑青すべてが混ざると**白**(White)になる。

→ 赤・緑・青の３つの色
だけで、ほぼすべての
色が再現できる！

■ 蛍光灯の端が黒くなる原因

　蛍光灯を長く使っていると端が黒くなってきますね。どうしてなのでしょうか。

　黒ずみには「アノードスポット」と「エンドバンド」と呼ばれる2種類があります。

　アノードスポットは、電極の近くに発生する比較的境界のはっきりした黒ずみです。点灯中に電極のフィラメントに塗られた電子放出物質が飛散し、内壁に付着して生じます。

　エンドバンドは、蛍光灯の端から数cmくらいのところより中央方向に向かって黒褐色で帯状に発生する黒ずみです。これは長時間点灯後に発生するもので、点灯中に電極の電子放出物質が蒸発することで発生する微量のガスと水銀が化合したものです。

　結局、蛍光灯の黒ずみには、電極のフィラメントに塗ってある電子放出物質や水銀が関係しているのです[*4]。

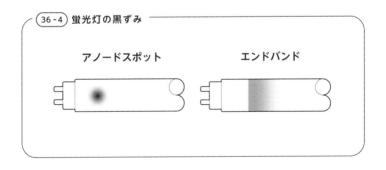

36-4 蛍光灯の黒ずみ

アノードスポット　　　　　エンドバンド

[*4] 蛍光灯の水銀封入量は1975年には40W直管形で約50mgだったが、2007年には約7mgにまで削減されている。封入量は「水銀に関する水俣条約」で規制されているが、国内で流通している商品は規制値以下のため引き続き製造・販売が可能。

LED は蛍光灯とどう違うの？

照明器具は、白熱電球から蛍光灯へと移り変わってきましたが、近年広く普及し始めているのが発光ダイオード（LED）による照明です。どんなしくみで光っているのでしょうか。

■ LED とは？

LED は別名「**発光ダイオード**」といいます[*1]。

LED は白熱電球や蛍光灯とは異なり、電気を直接光に変換して発光します。そのため、白熱電球や蛍光灯と比べてエネルギー効率がよく（投入した電気エネルギーが光に変わる割合が大きい）、フィラメントや電子放出物質のような消耗する物質がなく長寿命です。

LED は、－の電子が多い n 型半導体と、電子が不足して＋の正孔（ホール）があいた p 型半導体が合わさっています。電圧をかけると、2 つの半導体の接合付近で＋（ホール）と－（電子）が結合したときに光エネルギーが放出されます。

光エネルギーは波長が小さいほど大きいので、大きな光エネルギーを放出する LED は波長が小さい光を放出します。可視光線付近でいえば、波長が小さい順に紫外線＞紫＞青＞緑＞赤＞赤外線です。

LED が出す光は半導体をつくる化合物によって異なります。

可視光線では、赤、黄緑、橙色 LED は 1990 年代以前に実

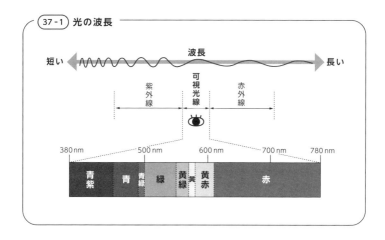

波長

短い ◄─────────────────────────────────► 長い

紫外線　　可視光線　　赤外線

380nm　　500nm　　600nm　　700nm　　780nm

青紫　青　青緑　緑　黄緑　黄　赤　赤

用化されていました。1993 年に実用的な青色 LED、1995 年に青色 LED と同じ材料で緑色 LED が実用化されました。窒化ガリウムの結晶を材料にして開発された実用的な青色 LED は、その功績から日本人がノーベル物理学賞を受賞しています＊2。

　青色 LED の実用化は画期的な出来事でした。青色 LED の登場で、人類は新しい方法で明るく省エネルギーな白色光をつくることができるようになったのです。

■ LED電球のしくみ

　LED 電球は、LED チップ（LED の結晶と蛍光体など）に電圧をかけると発光しますが、その光をレンズで拡散し電球全体を明るくさせています。

＊2　この開発には、赤崎勇、天野浩、中村修二など多くの日本人研究者が寄与。2014 年に赤崎、天野、中村の 3 氏が「高輝度でエネルギー効率のよい白色光を実現する青色発光ダイオードの開発」でノーベル物理学賞受賞。

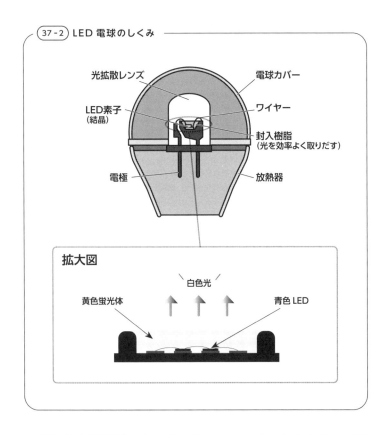

LED 電球のしくみ

光拡散レンズ

電球カバー

LED素子
（結晶）

ワイヤー

封入樹脂
（光を効率よく取りだす）

電極

放熱器

拡大図

白色光

黄色蛍光体

青色LED

　LED は白熱電球のタングステンフィラメントのように、高温状態におかれて表面のタングステン原子が飛びだしていき、ついには切れてしまうといったことはありません。しかし、LED 電球で LED チップを包んでいる樹脂（プラスチック）は、

熱や光で劣化します。白熱電球、蛍光灯と比べてエネルギー
効率がよいとはいえ、放出エネルギーのうち、光エネルギー
になるのは30％で、残りの70％は熱になりますから、封入樹
脂などLEDまわりが劣化してしまうのです。

■ LED電球のLED素子をつくる元素

　白色光を得るための方法には２つあります。青色LEDに蛍
光体を組み合わせてつくる「**ワンチップ法**」と三原色の３種
類のLEDを組み合わせてつくる「**マルチチップ法**[3]」です。

　現在、LED電球に使われているのは、1996年に開発された
LEDとしては青色LEDだけを使い、青色LEDで黄色の蛍光
体を発光させて白色をつくるワンチップ法です。青色LEDチ
ップの上部に黄色の蛍光体を取りつけます。**人間の眼には青
色の光と黄色の光が混ざると白色に見える**のです。

　ワンチップ法で一般的に使われるのは、酸化アルミニウム
［Al_2O_3］の基板に、紫外光、青色、緑色と幅広い光を発光する
インジウムガリウム窒素［InGaN］系のLEDです。これでアル
ミン酸イットリウム［$Y_3Al_5O_{12}$］に付活剤としてセリウム **Ce** を
添加した酸化物蛍光体を黄色に発光させます[4]。

　一般的なLED電球のLEDチップは、元素として基板がア
ルミニウム **Al**、酸素 **O**、青色LEDがインジウム **In**、ガリウム
Ga、窒素 **N**、黄色蛍光体がアルミニウム、イットリウム **Y**、酸素、
セリウムが使われています。

＊3　マルチチップは液晶バックパネルなどに利用されている。
＊4　ワンチップ法には他に紫外LEDとRGB蛍光体を使うものもある。

38　ネオンサインはどんなしくみで光るの?

> 貴ガスのネオンは、低圧で放電すると、美しく赤く輝きます。
> これがネオンサインとして利用されています。一番目立つ赤を
> 出すネオン以外にどんな元素が使われているのでしょうか。

■ネオン管とネオンサインの歴史

　貴ガスは常温・常圧では無色ですが、0.01 ～ 0.1 気圧という低圧にしてガラス管に封入し、管のなかに1対の電極を置いて電圧をかけると発光します。これがいわゆる**ネオン管**です。ネオン管を組み合わせてネオンサインをつくります。

　もっとも明るく赤色を輝かせるのがネオン **Ne** が入ったネオン管です。ネオン管といってもネオンが入っているのは赤、もしくはピンクやオレンジに輝くものだけです。

　1907 年にフランスの**クロード**が冷やして液体にした空気のなかからアルゴン **Ar** やネオンを大量に得る方法を見いだし、その3年後の 1910 年にはネオンを封入したネオン管が発明されました。世界初のネオンによる広告サインが登場したのは、パリのモンマルトル通りにある小さな理髪店で、1912 年のことでした[*1]。

■ネオンサインに使われる貴ガス

　ネオンサインの主役はあざやかな赤色を出すネオンです。

[*1] 『日本のネオン』(ネオン編纂委員会、1977 発行) によれば、わが国ではじめてネオンサインが点いたのは 1918 年 (大正7年)、東京・銀座1丁目の谷沢カバン店 (現在の銀座タニザワ)。

ネオンは空気中に 18.2ppm 含まれ、貴ガスのなかではアルゴンに次いで多く存在します。アルゴンは乾燥空気中に窒素 **N**、酸素 **O** の次に多く、1%弱も含まれています。

　アルゴンを入れたネオン管は、紫色系の光を出します。またアルゴンと水銀ガスを封入し、管内に蛍光物質を塗っておけば、明るい白や青や緑の光をだすことができます*2。濃い色をだすには、着色ガラス管を使っています。

　貴ガスでは、他にヘリウム **He** で黄色、クリプトン **Kr** で黄緑色が出ます。

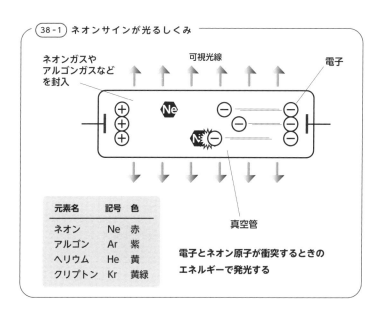

（38-1）ネオンサインが光るしくみ

ネオンガスや
アルゴンガスなど
を封入

可視光線

電子

真空管

電子とネオン原子が衝突するときの
エネルギーで発光する

元素名	記号	色
ネオン	Ne	赤
アルゴン	Ar	紫
ヘリウム	He	黄
クリプトン	Kr	黄緑

＊2　『36・蛍光灯の端っこが黒くなるのはなぜ？』参照。

39 夜光塗料はどんなしくみで光るの?

ふだん目にする「光るもの」の多くは電気のエネルギーで光りますが、目覚まし時計の針などに使われる夜光塗料は電気なしで光っています。どんなしくみで光っているのでしょうか。

■ どこからエネルギーをもらっている?

光ることは、すなわちエネルギーを放出することです。「エネルギー」を無から生みだすことはできないので、どこかから受け取り、そして放出することで光っていることになります。夜光塗料は昼間の明るいうちに受けた**光エネルギー**を、時間をかけてゆっくり放出し続けることで夜のあいだも光っています。

エネルギーを受け取ってから放出するまでにタイムラグがあるため、塗料は光を蓄積しているように見えます。そのため、

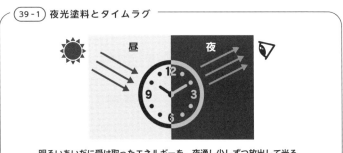

39-1 **夜光塗料とタイムラグ**

明るいあいだに受け取ったエネルギーを、夜通し少しずつ放出して光る

この原理で光る夜光塗料は「**蓄光塗料**」とも呼ばれます。

蓄光塗料は電力なしで光るため、災害時の誘導用の光源、時計の針や文字盤といった電力供給が滞ったり難しかったりする場合でも活躍できます[*1]。

■ 希土類元素が活躍

日本の根元特殊化学という会社が1993年に開発した「Ｎ夜光（ルミノーバ）」という商品は、従来のものより明るく、かつ長く光らせることができるすぐれた蓄光塗料です[*2]。

こうした性質の鍵は、希土類元素を利用したことにありました。アルミン酸ストロンチウム［$SrAl_2O_4$］に微量のユーロピウム **Eu** やガドリニウム **Gd** を加えることで実現しました。

■ 旧時代の夜光塗料

昔は放射能をもつラジウム **Ra** を使って光る夜光塗料もありました。1917年に生産が始まったこの塗料は、ラジウム原子が放出する**放射線のエネルギー**を利用して光っており、原理が大きく違いました。この夜光塗料は、放射性物質の放射能が弱まるまでの数年間ずっと光り続けるメリットがあります。しかし、放射線を放ち続けることが致命的な欠点で、アメリカでは工場で夜光塗料を塗っていた多くの女性労働者が放射線中毒になりました[*3]。このため現在では規制の対象となり、ラジウムを使った夜光塗料は利用されなくなっています。

---

*1 ほかにも、アクセサリーやマニキュアといったファッション素材にも用いられている。

*2 また対候性にも強いため、屋外での利用も可能。

*3 労働者の権利をめぐり法廷で闘った女性労働者たちは「ラジウム・ガールズ」と呼ばれ注目を集めた。

40 花火の色はどうやってつくるの？

夏の風物詩といえば花火ですね。夏になると、全国いたるところで花火大会が開かれます。花火の色はたくさんの元素が活躍することで、美しい色を放ちます。

■ わが国の打ち上げ花火の歴史

夏の夜空を彩る花火は、今では世界中で楽しまれていますが、発祥は中国です。9世紀頃に黒色（こくしょく）火薬が発明され、武器に用いられたほか、祭のときなどにその爆発音を楽しんだようです。黒色火薬は、硝酸カリウム、硫黄、木炭の3成分を混合してつくります。

黒色火薬はヨーロッパで19世紀の中頃まで武器に使われ、わが国には1543年に鉄砲が種子島に伝来したときにもたらされました。日本で花火が打ち上げられるようになったのは江戸時代で、花火には今でも黒色火薬が使われています[*1]。

打ち上げ花火は、「玉」と呼ばれる紙製の球体に「星」と呼ばれる火薬の玉を詰めたものを、火薬を使って打ち上げます。打ち上げるときに導火線に点火し、高く上がったところで、導火線から玉内部の割（わり）火薬に点火されて「玉」が破裂し、「星」が飛散します。

「星」の飛散のときに、ストロンチウム **Sr** やナトリウム **Na** などの金属元素の化合物が炎色反応で色を出し、アルミニウ

---

*1 江戸時代の花火は現在のような色とりどりのものではなく、和火といわれる炎の色と硫黄を燃やした暗い青色だけだった。

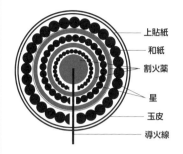

40-1 花火の断面と炎色反応を起こす元素

元素名	記号	色
リチウム	Li	深紅
ナトリウム	Na	黄
カリウム	K	薄紫
セシウム	Cs	青紫
カルシウム	Ca	橙赤
ストロンチウム	Sr	深赤
バリウム	Ba	黄緑
銅	Cu	青緑
ホウ素	B	黄緑

打ち上げ花火の断面

星　　：花火の光をだす。火薬と金属元素の化合物
割火薬：星を四方八方に飛ばすための火薬
玉皮　：花火の部品を入れる段ボール製の容器

ム **Al** やマグネシウム **Mg** の金属粉末で強く白い輝きを増しています。花火の色が、順番に変化するのは、星の火薬が幾層にも構成されており順番に燃えるからです。

■ 花火の色をだす金属元素

　特定の金属元素を含む物質を高温で加熱すると、元素の種類によってさまざまな色の光を放ちます。この現象を炎色反応といいます。

　赤はストロンチウム化合物（硝酸ストロンチウム、炭酸ストロンチウムなど）、緑色は硝酸バリウム、塩素酸バリウムなどでつくり

ます。黄色は、ナトリウムの化合物を用いますが、よく使われるのは、シュウ酸ナトリウムです[2]。青は主として銅の化合物（炭酸塩、硫酸塩など）でつくります[3]。

ちなみに、花火の白いピカピカする光は炎色反応を利用していません。これは、主として、アルミニウム、マグネシウム、チタン Ti などの金属粉を使っています。これらの金属は花火に混ぜてある酸化剤と反応して激しく燃えて酸化物になるときに大量の熱を出します。その結果、これらの微粒子は大変高い温度[4]になり、白色の輝くような光を放つのです。

■ 身近で見られる炎色反応

炎色反応は私たちの身近なところでも見ることができます。味噌汁が吹きこぼれると、ガスコンロの炎がオレンジ色の炎になる現象が起こります。これは、味噌汁の食塩（塩化ナトリウム）に含まれる**ナトリウムの炎色反応**です。

家庭にあるもので、緑色のめずらしい炎を見ることもできます。ラップなどのポリ塩化ビニル（塩ビ）製品を使います（ラップの素材は主にポリ塩化ビニリデン）。

長さ20cm程度の銅の針金（裸銅線）を用意し、先をペンチなどを用いてくるっと丸めておきます。次にガスコンロに火をつけ、針金の先を炎に近づけて赤くなるまで熱します。熱したら針金をコンロからはずし、食品保存用のラップ、あるいは消しゴムなど塩ビ製品にジュっと押しつけます。そしてふたたび、針金の先を

---

* 2　塩化ナトリウムは湿気に弱いので使われない。
* 3　赤、緑、黄、青以外の色は、いろいろな化合物を混ぜてつくる。たとえば、ストロンチウムと銅の化合物を混ぜて、紫色をつくるという具合。
* 4　3000℃くらいまでといわれている。

炎に近づけます。すると、ガスの炎とは違う緑色の炎を見ることができるはずです。

　熱せられた銅は、含まれる塩素と反応して塩化銅に変化します。針金の先にわずかに生じた塩化銅を炎に入れることで、塩化銅に含まれる**銅が炎色反応**を示すのです[*5]。

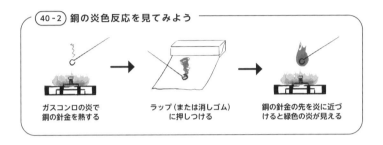

(40-2) 銅の炎色反応を見てみよう

ガスコンロの炎で
銅の針金を熱する

ラップ（または消しゴム）
に押しつける

銅の針金の先を炎に近づ
けると緑色の炎が見える

■トンネルの黄色い照明

　道路のトンネル内の照明は**ナトリウムランプ照明**です。

　ナトリウム蒸気のなかに放電することで発光した、オレンジ色の暖かみのある光のランプです。エネルギー効率がよく、道路・工場・商業施設などに省エネを推進する光源として広く普及しています[*6]。

　ナトリウムランプがオレンジ色の光を出すのは、基本的に**ナトリウム化合物の炎色反応**と同じしくみです。高エネルギー状態のナトリウム原子が安定な低エネルギーに落ちるときに、オレンジ色の波長の光を放ちます。

---

41 ルビーとサファイアは同じ石？

人類は昔からルビー、サファイア、エメラルド、ダイヤモンド
といった美しい宝石に魅せられてきました。こうした宝石の美
しさを、元素の観点から見てみましょう。

■ ルビーとサファイアは同じ石

　上にあげた4つの宝石のうち、ルビーとサファイアはどち
らも「コランダム」という同じ鉱物です。それぞれ赤色と青
色でまったく違うのに、どういうことでしょうか。

　コランダムは酸化アルミニウム［Al_2O_3］という物質で、純粋
なものは無色透明です。そこに微量の不純物が混じっている
せいで色がつくのです。**ルビー**は微量に混じったクロム **Cr** に
よって赤色を示し、**サファイア**は微量のチタン **Ti** や鉄 **Fe** によ
って青色を示しています。

■ 宝石の構造と色

　宝石は「構造をつくる元素」と「色を生みだす元素」を分け
て考えると理解しやすくなります。構造をつくる元素が同じ
でも色を生みだす元素が違えば（つまり見た目が大きく違えば）そ
れは違う宝石とみなされます。

　多くの場合、色は不純物として含まれる金属元素が生みだ
します[1]。ただし、色を生みだす元素がない宝石もあります。

---

[1] あまり多くはないが、金属元素でない元素が発色源もある。有名な例は美しい青のラピ
　スラズリで、ラピスラズリを絵具として使ったのがウルトラマリン。『43・色ってどん
　な元素でつくられるの？』参照。

ダイヤモンドはその典型例で、**構造をつくる元素は炭素です
が、不純物を含まず無色**です[*2]。

（41-1）宝石と元素の関係

（41-1）宝石と元素の関係

宝石	色	構造を決める元素	色を生みだす元素
ルビー	赤	アルミニウム、酸素（コランダム）	クロム
サファイア	青		チタン、鉄
ピンクサファイア	ピンク		クロム
バイオレットサファイア	紫		バナジウム
エメラルド	緑	ベリリウム、アルミニウム、ケイ素、酸素（ベリル）	クロム、バナジウム
アクアマリン	青		鉄
ヘリオドール	黄		鉄
水晶	-	ケイ素、酸素（石英）	-
紫水晶	紫		鉄
煙水晶	黒		アルミニウム
ラピスラズリ	青	ケイ素、酸素、ナトリウム（ケイ酸ナトリウム）	硫黄
ダイヤモンド	-	炭素（ダイヤモンド）	-

■ 宝石の色、上級編

　宝石の色には少々ややこしい関係のものもあります。

　ルビーとエメラルドはどちらもクロム **Cr** による発色ですが、
色は赤と緑で大きく異なります。これは鉱物の種類が、**エメ
ラルド**がベリル[*3]なのに対して、ルビーがコランダムと異な
るためです。

＊2　光をよく屈折させるため、特別な色がついてなくても美しく人気がある。
＊3　ベリルはベリリウムとアルミニウムを主成分とする六角柱状の鉱物。

アクアマリンと**ヘリオドール**はどちらもベリルに微量の鉄が混じったものですが、色は青と黄で大きく異なります。これは鉄のイオン状態が異なることが原因です＊4。

　ピンクサファイアという宝石はコランダムにクロムが混じることでピンク色を示します。組み合わせはルビーとまったく同じですが、このふたつでは入っている**クロムの量が違います**。ルビーに入っているクロムは微量ですが、これがさらに少なくなるにつれて赤色が弱まっていき、ピンク色になると名前が変わってピンクサファイアと呼ばれるのです。

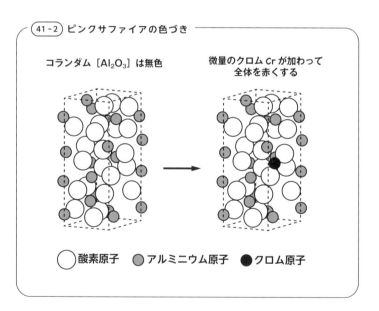

41-2 ピンクサファイアの色づき

コランダム［Al_2O_3］は無色　　　　微量のクロム Cr が加わって
　　　　　　　　　　　　　　　　　全体を赤くする

○ 酸素原子　　　◉ アルミニウム原子　　　● クロム原子

---

42 タコのとイカの血はなんで青いの?

私たちがケガをすれば、体からは赤色の血が流れますが、タコ
やイカの血液はなんと青色をしています。これはいったいどう
いうことなのでしょうか。

■ 鉄が血を赤くする

血液の赤色の原因物質は「**赤血球**」と呼ばれる血液細胞で
す。赤血球は水風船のような袋の形をしており、中には**ヘモ
グロビン**というタンパク質がたくさん入っています。ヘモグ
ロビンの一部には「**ヘム**」と呼ばれる構造があり、これが赤
色を示します。つまり、ヘムがあるせいで赤血球は赤色になり、
よって血液も赤色なのです。

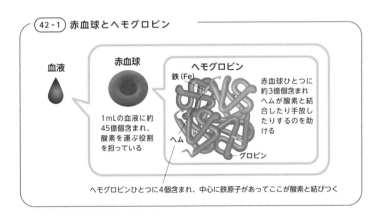

42-1 赤血球とヘモグロビン

血液

赤血球

1mLの血液に約
45億個含まれ、
酸素を運ぶ役割
を担っている

ヘモグロビン

鉄 (Fe)

ヘム

グロビン

赤血球ひとつに
約3億個含まれ
ヘムが酸素と結
合したり手放し
たりするのを助
ける

ヘモグロビンひとつに4個含まれ、中心に鉄原子があってここが酸素と結びつく

ヘムは、有機物でできた構造の中心に鉄 **Fe** 原子がいるという特殊な構造をしています。この鉄が血液を赤色に仕立てます。基本的にすべてのセキツイ動物は赤血球をもっているため、ほ乳類や魚の血液は共通して赤色です。

■ 鉄は酸素を運ぶ

　赤血球は体中に酸素を運ぶ細胞です。呼吸により吸い込まれた酸素は、肺を通じて血液中に取り込まれ、さらに赤血球のなかへと入りヘムの鉄原子と結合します。酸素はヘムと結合した状態で動脈血管を流れることで心臓から体の隅々に運ばれ、必要な場所に到着するとヘムは酸素を手放します。こうして酸素をもたない状態になったヘムを乗せた血液は、今度は静脈血管を流れて心臓へ、そしてふたたび肺へと向かいます。

　酸素と結合したヘモグロビンは**あざやかな赤色**をしている一方、酸素を手放したヘモグロビンは**くすんだ赤褐色**をしています[1]。

　このように、体のすみずみまで酸素を行き届かせるのに、鉄はとても重要なはたらきをしているのです[2]。

---

[1]　私たちが軽いケガをしたときに見かけるのは静脈を流れる血液で、酸素を手放した状態のくすんだ赤褐色のほう。

[2]　鉄分を多く含む食品として、レバー、赤身の肉、魚介類、大豆、野菜、海藻などがある。体に酸素を行き届かせるためにも、これらで鉄分をしっかり摂取する必要がある。

■ タコやイカは「銅」で酸素を運ぶ

それではタコやイカの血液はどうでしょう。

彼らは血中に赤血球をもっていません。しかし血液に酸素を取り込めないのは困るので、その代わりに「**ヘモシアニン**」というタンパク質を血液中にもっています。ヘモシアニンはヘモグロビン同様、酸素と結合したり手放したりして体中に酸素を運びますが、酸素と結合する部分が鉄ではなく銅 **Cu** である点が異なっています。

ヘモシアニンは酸素と結合すると青色になります。そのため酸素を運んでいる最中の、生きたタコやイカの体内での血液は青色をしています。しかし私たちがふだん目にする食用のイカは、水揚げされて日がたっているため、血中のヘモシアニンからすでに酸素が外れています。酸素が結合していないヘモシアニンは無色透明のため、私たちはタコやイカの青い血液をなかなかお目にかかれないのです。

■ いろんな生き物、いろんな酸素の運び方

ヘモグロビンとヘモシアニン以外にも、たとえばミミズなどの環形動物がもつクロロクルオリンや、海にすむ無脊椎動物に見られるヘムエリトリンという酸素運搬タンパク質があります。

生物は自身の生活環境に合わせて、さまざまなタンパク質を使い分けながら酸素を取り入れているのです*3。

---

*3 1950〜1970 年代に、ホヤの血中にある含バナジウムタンパク質「ヘモバナジン」が酸素運搬タンパク質なのではないかと注目され、生化学的研究が盛んになされた。現在では、ヘモバナジンが何のためのタンパク質なのかは明らかではないものの、少なくとも酸素運搬能力はないことがわかっている。

色ってどんな元素でつくられるの?

人類は大昔からいろいろな画材を使ってカラフルな絵を描いてきました。ここでは少し視点を変えて、元素の視点から絵の具や絵画を見てみましょう。

■絵具とは何か

絵具は「**色材**（色の原料）」と「**展色材**」を混ぜて作られます。展色材とは、色材を画用紙や布などに固定化する接着剤のことです。用いる色材は同じでも、展色材に何を使うかで水彩絵具、油絵具、色鉛筆、クレヨンといったさまざまな画材になるのです。

色材は「**染料**」と「**顔料**」に分けることができます。**染料は水や油などの溶剤に溶けるもの、顔料は溶剤に溶けないもの**で、絵具に用いられる色材はもっぱら顔料です。

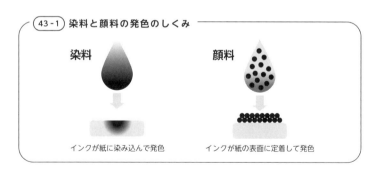

43-1 染料と顔料の発色のしくみ

染料

インクが紙に染み込んで発色

顔料

インクが紙の表面に定着して発色

＊1　プルシアンブルーは江戸時代、歌川広重や葛飾北斎の浮世絵に使われた。この顔料はのちにタリウム中毒の解毒薬として利用される。『24・ヒ素なき時代の毒の申し子』を参照。

染料は基本的に有機化合物で、主に炭素 **C**、水素 **H**、酸素 **O**、窒素 **N** からできていますが、顔料は金属元素を含む無機化合物が利用されているものも多く、染料より多様な元素が利用されています。

■顔料に使われている元素

古代より人類はさまざまな顔料を利用してきました。

赤色は水銀 **Hg** や鉛 **Pb**、鉄 **Fe** などの酸化物や硫化物が用いられています。神社の建築に見られる赤色はほとんどこの3種類のどれかです。

青色は銅 **Cu** やコバルト **Co** によるものが有名で、ほかには鉄やカリウム **K** の化合物である**プルシアンブルー**[*1]や、バナジウム **V** が入った**ターコイズブルー**、硫黄 **S** により発色する**ウルトラマリン**[*2]などがあります。

緑色は青と同じく銅化合物が用いられます。また、**ビリジアン**という顔料はクロム **Cr** が発色しています。

黄色はカドミウム **Cd** やビスマス **Bi**、クロムなどユニークな元素が発色しています[*3]。

白色はチタン **Ti**、ジルコニウム **Zr**、亜鉛 **Zn** の酸化物や、アルミニウム **Al** や鉛の水酸化物が用いられます。

黒色の顔料で最も有名なのは炭素による**カーボンブラック**です。これを水に分散させたものが習字のときにも使った墨汁で、日本人になじみ深い顔料といえるでしょう。

[*2] ウルトラマリンを用いた有名な絵画に、フェルメールの『真珠の耳飾りの女』などがある。
[*3] クロムイエローを用いた有名な絵画には、ゴッホの『ひまわり』がある。本作品の黄色は緑味を帯びた暗い色のものがあるが、これはクロムイエローの一部が経年劣化して緑色顔料のビリジアンに化学変化してしまったため。

■ 時代の波に消えゆく顔料たち

顔料のなかには、昔は大人気だったものの、その安全性から、最近では使われなくなったものも多くあります。

1800 年代のヨーロッパで流行した「パリグリーン」という緑色顔料は、銅による発色がすばらしいことで人気だったものの、ヒ素 As を多量に含むことから使われなくなりました[*4]。

日本で平安時代頃から利用された化粧道具「おしろい」は鉛化合物の白色顔料です。明治時代に鉛の毒性が問題視されて代替品が開発されたことで、利用されなくなりました[*5]。

現在利用されている顔料でも、クロム、カドミウム、鉛、水銀などを含むものは環境や安全性の観点から利用は控えようとする動きがあります。いずれは使われなくなるものも出てくるかもしれません。

■ 顔料の使いどころは絵具だけではない

画材以外では、たとえばプラスチックの着色にも顔料が使われます。プラスチックは素体の色だけでは白色や無色透明なので、成型する前の段階で顔料を練り込んでおくことによってカラフルな製品になります。コピー機で使う印刷用インクも顔料による発色です。印刷物は手で触れる機会が多いなどの理由から、安全面を考慮して有機顔料が用いられます。

このように、顔料は多方面で使われているため、その用途に応じてさまざまな種類のものが開発されています[*6]。

---

*4　ヒ素の毒性については『24・体内にあるのに毒にもなる《ヒ素》』参照。
*5　鉛の毒性については『19・錬金術と毒性に翻弄された水銀・鉛』参照。
*6　『色と顔料の世界』(顔料技術研究会編、三共出版、2017) に掲載された数は 229 種類ある。

第 7 章

「快適生活」にあふれる元素

電線の素材は銅、では高圧送電線は？

私たちの身近にある電線には、金属で2番目に電流が流れやすい銅が使われています。一方、高圧送電線にはアルミニウムが使われています。なぜそれぞれ違う物質なのでしょうか。

■金属の抵抗率

電気器具やテーブルタップなどの電流を流す部分（導線）には金属が使われています。金属が導線に使われている理由は電流を流しやすいからです。とはいえ、金属の種類によって電流の流しやすさは違います。

金属の抵抗は、導体の長さに比例し、断面積に反比例します。長さと断面積（太さ）が同じ2本の導線、たとえば一方が銅 **Cu** で他方がアルミニウム **Al** のものに同じ電圧をかけると、銅線よりもアルミニウム線のほうが小さい電流が流れます。違った材料の同じ大きさの導線は、異なった抵抗（Ω）をもちます。そこで、抵抗率（あるいは比抵抗。単位はΩ・m）の値が小さいほど電流を流しやすいことになります[1]。

表44-1は温度20℃の抵抗率の小さい金属の順位ですが、銀がもっとも電流を流しやすい金属であることがわかります。

■電線と高圧送電線に使われる金属が違うワケ

しかし、私たちのまわりの導線内の金属は銀 **Ag** ではなく銅

---

[1] 導線の長さL〔m〕、断面積S〔m²〕とすると、抵抗R〔Ω〕は、抵抗率をρ（ローと読む）として次のようになる。$R = \rho \dfrac{L}{S}$

	金属	抵抗率 ρ ($\Omega \cdot m$) 20℃
1	銀	1.59×10^{-8}
2	銅	1.68×10^{-8}
3	金	2.44×10^{-8}
4	アルミニウム	2.65×10^{-8}

が使われています。その理由は、**銀を使うと圧倒的にコスト
が高くなる**こと、**銅も十分に電流を流しやすい**ことのふたつ
です。抵抗率の小ささを比べてみても銀は 1.59×10^{-8} に対して、
銅は 1.68×10^{-8} なので、比率にして銅の電流の流れやすさは
銀の 95％くらいで、あまり変わりません。

4 位のアルミニウムは高圧送電線で使われています。**アルミ
ニウムは軽く、銅の３分の１の価格**ですから、電線のコスト
を抑えることができます。

高圧送電線には大量の電流が流れるため、電線（導線）を太
くする必要があります。同じ大きさの電流を流すには、銅だ
と重くなり、送電塔の間隔を短くしなければなりません。し
かし軽量のアルミニウムなら、送電塔を長くとることができ、
コストを抑えることが可能になるのです。

■ 電線にもアルミ線を使えるようになった

　関西電力が配電線の更新に「アルミニウム電線」を採用し、銅線からアルミ線への変更を 2016 年から本格化しています。これまでは、高圧送電線ではアルミニウムがほぼ 100％でも、その他の電線は銅が多く使われていました。それをアルミニウムに替えようというのです。一番のメリットは価格です。

　とはいえ電流の流れやすさで銅に劣るため、アルミ線の直径が太くなり、風圧で電柱の強度が不足することが課題でした。しかしここにきて、電線の表面にゴルフボールのように凹凸をつけることで、風の抵抗を減らし既存の電柱でも耐えられるようになりました。こうしてアルミ線への切り替えを進められるようになったのです。

44-2 金属の価格比較（1kg 当たりの概算）

金	Au	620 万円
銀	Ag	9 万円
銅	Cu	1 千円
アルミニウム	Al	230 円

(2021 年 3 月現在)

■端子に金メッキがされている意味

オーディオ機器につなぐイヤホンやヘッドフォンで高価な ものには、端子の銅に金メッキが施されている場合がありま す。これにはどんな意味があるのでしょうか。

電流の流れやすさは銀・銅・金・アルミニウムの順番でした が、これはあくまで純粋な金属の場合です。銅は導線のよう に絶縁体（不導体）でカバーされている場合には、表面が酸化 されにくいのですが、端子のようにカバーがないなら、酸化 を防ぐ何らかの保護が必要です。そこで表面にメッキを施す のです。

銀は空気中の硫化水素ガスと結びついて黒ずんだ硫化銀の 皮膜をつくりやすく、端子のメッキには使いにくいです[*2]。

そもそもイヤホンやヘッドフォンなど、端子をジャックに入 れたり出したりして使用する場合には、できるだけ表面が変 化しない金属でメッキしたいところです。

そこで電流も流しやすく表面の腐食にも強い金で、高級なイ ヤホンやヘッドフォンの端子に金メッキを施す場合があるの です。そのとき金にコバルトやニッケルを混ぜて硬度も高く します。

つまり、見た目の高級感を 出すために金メッキをするわ けではないのです[*3]。

＊2　硫化水素は火山や温泉地だけではなく、ドブ川でも嫌気性の微生物のはたらきで発生し ている。硫化銀の皮膜はもとの金属よりずっと電流を流れにくくさせてしまう。

＊3　金は同じ理由で、その他の電子機器のコネクタ部分にも使われる場合がある。金メッキ でない場合はスズメッキがされる。

45 乾電池はどうやって電気を起こすの？

かつては乾電池といえばマンガン乾電池が一般的でしたが、今は強いパワーを長く維持できるアルカリ乾電池が主流です。それぞれどんなしくみで電気が起こるのでしょうか。

■一次電池（使い捨てタイプ）と二次電池（充電可能タイプ）

電池は、太陽電池などの物理電池と乾電池などの化学電池に大きく分けられます。化学電池では、物質の化学変化で電気を得ています。化学電池には、化学変化して電気エネルギーを出す物質が詰め込まれているのです。

その化学電池には、一次電池（使い捨てタイプ）と二次電池（充電可能タイプ）とがあります。一次電池（使い捨てタイプ）には、大きく分けて、マンガン乾電池とアルカリマンガン乾電池（以下、アルカリ乾電池）があります。

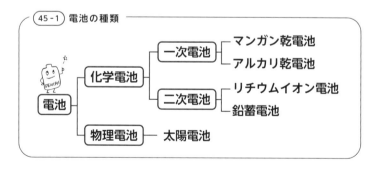

45-1 電池の種類

電池 ─ 化学電池 ─ 一次電池 ─ マンガン乾電池
　　　　　　　　　　　　　　　 アルカリ乾電池
　　　　　　　　　 二次電池 ─ リチウムイオン電池
　　　　　　　　　　　　　　　 鉛蓄電池
　　　 物理電池 ─ 太陽電池

今では乾電池を使う機器のほとんどがアルカリ乾電池を使うように指示されています。それはアルカリ乾電池のほうが強いパワーを長く維持できるためで、モーターを動かす機器や安定した電気が欲しい電子機器に適しているからです。

なお、マンガン乾電池は使っていない（休んでいる）ときの回復力が強いので、ボタンを押されたときだけ赤外線を出すリモコンなどに適しています[1]。

■一次電池のしくみ

電池は、電子を受け取る正極、電子を放出する負極、電解質の3つから構成されています[2]。

マンガン乾電池は、中央に炭素 C（黒鉛）の集電体（電子を集めるもの）があり、その周囲に正極の二酸化マンガンが炭素粉と電解質の塩化亜鉛水溶液と練り合わされたものがあり、外側に負極の亜鉛 Zn が包んでいます。

対して**アルカリ乾電池**は、中央に集電体があること、正極は二酸化マンガン、負極は亜鉛であることはマンガン乾電池と同じですが、電解質が強アルカリの水酸化カリウム水溶液であること、集電体が黄銅（銅と亜鉛の合金）であることが違います。また、内部のつくりも違っています。中央の集電体の周囲に、負極の亜鉛粉末を水酸化カリウム水溶液で練り合わせて、どろどろにしたものが詰められていて、集電体が負極端子になっています。亜鉛粉末などがどろどろになったものとセパレ

---

[1] 参考：『図解　身近にあふれる「科学」が3時間でわかる本』（明日香出版社）「06・マンガン乾電池とアルカリ乾電池は何がちがうの？」。

[2] ここでいう正極、負極は正確には正極活物質、負極活物質。活物質は実際に電子を受け取ったり電子を放出する物質のこと。

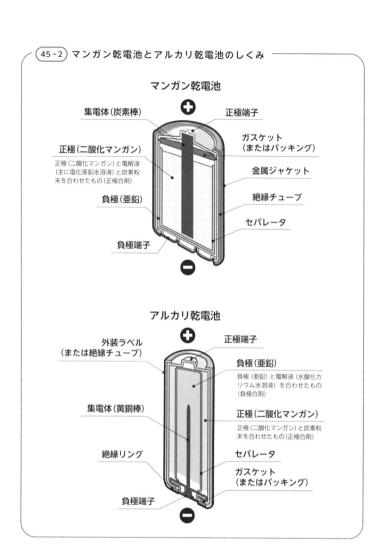

45-2 マンガン乾電池とアルカリ乾電池のしくみ

マンガン乾電池

集電体（炭素棒）
正極端子
正極（二酸化マンガン）
正極（二酸化マンガン）と電解液（主に塩化亜鉛水溶液）と炭素粉末を合わせたもの（正極合剤）
ガスケット（またはパッキング）
金属ジャケット
絶縁チューブ
負極（亜鉛）
セパレータ
負極端子

アルカリ乾電池

外装ラベル（または絶縁チューブ）
正極端子
負極（亜鉛）
負極（亜鉛）と電解液（水酸化カリウム水溶液）を合わせたもの（負極合剤）
集電体（黄銅棒）
正極（二酸化マンガン）
正極（二酸化マンガン）と炭素粉末を合わせたもの（正極合剤）
絶縁リング
セパレータ
ガスケット（またはパッキング）
負極端子

ータで区切られて正極の二酸化マンガンがあります。外側の金属ケースから正極の二酸化マンガンへ負極からきた電子を渡します。

　乾電池の電極材料としては、昔も今も二酸化マンガンと亜鉛が主流です。入手のしやすさや価格、環境負荷の点から優位性を保っています。

　アルカリ乾電池をつくる主な元素は、正極の二酸化マンガンがマンガン **Mn** と酸素 **O**、負極は亜鉛、電解質の水酸化カリウムがカリウム **K**、酸素、水素 **H** です。負極の物質と正極の物質を区切るセパレータは特別な紙ですから元素としては炭素 **C**、水素、酸素です。集電体は黄銅にメッキですが、メインは黄銅の銅 **Cu**、亜鉛です。

　乾電池の正極と負極を豆電球やモーターなどとつないで回路をつくると、負極の亜鉛が電子を放出し、亜鉛イオンになります。この電子は回路を通して正極へやってきて、正極の二酸化マンガンが電子を受け取って変化します。

　このような電子の移動によって、豆電球が点くのです[3]。

■乾電池を充電したらどうなる？

　マンガン乾電池を充電すると、正極から塩素が、負極から水素が発生するのでもとの状態に戻りませんし、破裂の危険性があります。アルカリ乾電池の場合は、充電すると正極から酸素、負極から水素が発生しますので、同様の危険性があります。

---

[3]　電子は回路を負極から正極へと移動するが、このとき電流はその逆で正極から負極へ流れていると定義される。

リチウムイオン二次電池ってどんなもの?

携帯、スマートフォン、パソコン、タブレットなど、小型で大量の電力を消費する端末が増えています。これらに必ずといっていいほど使われているのが、リチウムイオン二次電池です。

■二次電池は「充電可能な電池」

充電すれば再使用できる電池を**二次電池**あるいは**蓄電池**(英語でバッテリー)といいます図45-1。

古くからの二次電池の代表格は**鉛蓄電池**で、今でも自動車用バッテリーとしてよく用いられています。軽量小型の密閉タイプのものもあり、事務機器、通信機器などの携帯用の電池として活躍しています。ただし、あまり使用しないで放置しておくと劣化が進みやすいという欠点があります。

その後、小型・高性能な二次電池としてニカド二次電池、水素ニッケル二次電池が登場しましたが、現在、もっとも普及しているのは**リチウムイオン二次電池**(リチウムイオンバッテリー)です*1。最近では携帯端末だけではなく電気自動車への搭載も進んでいます。

■リチウムの特徴と電池のしくみ

リチウムイオン二次電池は、電子の移動にリチウムイオンが活躍しています。

---

*1 リチウムイオン二次電池の原型を確立したのが旭化成の吉野彰名誉フェローで、この功績から2019年度のノーベル化学賞を受賞している。

内部はリチウムイオンを貯蔵する負極とリチウムと反応して電子の受け渡しをする正極に分かれており、充電や放電（電池として使うこと）のときにリチウムイオンが電解液を介してせわしなく動きまわります。

　正極、負極、電解液の一例をあげます。元素としては主にリチウム Li、コバルト Co、酸素 O、炭素 C、水素 H のほか、集電箔として銅 Cu が使われています[*2]。このほかにセパレータや絶縁体の元素が加わります。

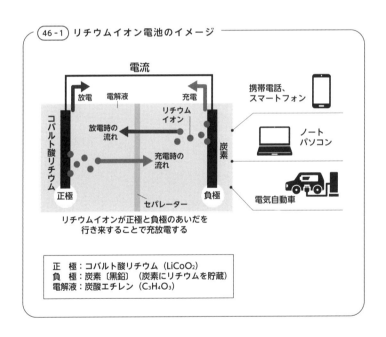

（46-1）リチウムイオン電池のイメージ

電流

放電　電解液　充電

リチウムイオン

コバルト酸リチウム

放電時の流れ

充電時の流れ

炭素

携帯電話、スマートフォン

ノートパソコン

電気自動車

正極　　　セパレーター　　　負極

リチウムイオンが正極と負極のあいだを
行き来することで充放電する

正　極：コバルト酸リチウム（LiCoO$_2$）
負　極：炭素〔黒鉛〕（炭素にリチウムを貯蔵）
電解液：炭酸エチレン（C$_3$H$_4$O$_3$）

[*2]　正極のコバルト化合物のコバルトはレアメタルのため、もっと資源が豊富で安い鉄化合物などに代替できないか研究されている。

■ 安全対策と発火事故

リチウムイオン二次電池では、電解液は水溶液ではなくエチレン系の有機溶媒です。水溶液では電圧によっては分解が起こることがあるので、分解されにくい有機溶媒を使っています。

この有機溶媒は可燃性なので、過充電したり、ショートさせたり、異常充放電や過加熱などをおこなうと燃えたり爆発したりします。そこで内部の圧力が上昇した場合には電流を遮断する安全弁を内蔵しています[*3]。また、高度な制御機構を組み込んで過充電などを防止しています。

2006年に大手メーカー各社が発売したノートパソコンにおいて、使われていたリチウムイオン二次電池が発火、もしくは異常過熱の恐れがある（発火事故が実際に発生）として、多数のリコール（自主回収、無償交換）が発生しました[*4]。

もちろん、そのような問題が起こるたびにメーカーはより強めた安全策をとってきたので、現在はほぼクリアされているとみられます。

(46-2) **リチウムイオン二次電池のメリット・デメリット**

メリット	デメリット
・電池の小型化、軽量化が可能	・発熱や高温で発火の危険性がある
・大容量で、充電すればくり返し使える	・安全対策のためのコストがかかる
・寿命が長い	

＊3　この安全弁は正極の凸部にあり、一定以上の圧力がかかるとガスを外部に放出する。
＊4　その後も時々発火事故は起こっている。2010年には多数のリチウムイオン二次電池を積んでいた貨物機が飛行中に機内火災により墜落した。

47　液晶や有機 EL の元素って何？

> ここ 10 年ほどで、携帯電話の主流はスマートフォン（スマホ）になり、テレビは液晶や有機 EL のディスプレイに変わりました。これらにはどんな元素が使われているでしょうか。

■ 液晶ディスプレイの構造

　1 枚の液晶ディスプレイは、複数の素材を重ね合わせて構成されています。その中心部にある液晶セルは、《偏光板 +［ガラス版 + 透明電極 + 液晶 + 透明電極 + ガラス版］+ カラーフィルター + 偏光板》という構造になっており、その背後には白色光を出しているバックライトなどがあります。

　ガラス板にはケイ素 Si やナトリウム Na やカルシウム Ca、透明電極にはインジウム In やスズ Sn といった元素が含まれています[1]。偏光板やカラーフィルターは樹脂（プラスチック）でできており、炭素 C や水素 H や酸素 O といった元素でできています[2]。バックライトには白色 LED が使われることが多く、アルミニウム Al やガリウム Ga、イットリウム Y、セリウム Ce などが用いられています[3]。

■ 液晶は何でできている？

　液晶は「**液体と固体の中間の状態**」です。液体のように分子が好き勝手な向きや位置にいるわけではなく、かといって固

---

[1] 『34・ガラスはどんな元素でできている？』『55・映像ディスプレイをつくる《インジウム》』参照。

[2] 『35・プラスチックと紙は親戚だった？』参照。

[3] 『37・LED は蛍光灯とどう違うの？』参照

体のように分子が整列しているわけでもない、ゆるく整列した状態が液晶です。もっとも、あらゆる物質が液晶状態になれるわけではありません。液晶状態になれる物質のことを液晶材、液晶性分子、あるいは単に液晶と呼んだりします。

液晶性分子は有機化合物です。構成元素は炭素、水素、酸素、そして窒素 N です。実際の液晶ディスプレイは 1 種類の液晶材ではなく 10 種類前後のブレンド液晶材が使われています。

液晶は整列の仕方がゆるいので、熱や電圧をかけることで整列の向きを変えることができます。こうしてバックライトの光の通り具合をコントロールして映像を映します。

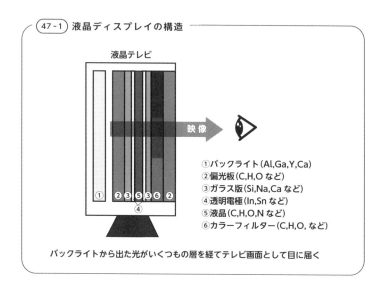

47 - 1 液晶ディスプレイの構造

液晶テレビ

映像

①バックライト (Al,Ga,Y,Ca)
②偏光板 (C,H,O など)
③ガラス版 (Si,Na,Ca など)
④透明電極 (In,Sn など)
⑤液晶 (C,H,O,N など)
⑥カラーフィルター (C,H,O, など)

バックライトから出た光がいくつもの層を経てテレビ画面として目に届く

■ 有機ELディスプレイ

　一般的なLED（発光ダイオード）が無機化合物からできているのに対して、有機EL（Electro-Luminescence）は**有機化合物**を用いていることから、「有機LED」とも呼ばれます。

　有機ELディスプレイは液晶ディスプレイと比べてコントラストがよく、斜めからでもくっきり見えるのが特徴です。また、応答速度が速くなめらかなことから、美しい映像が見られるといった利点もあります。非常に薄くできることから、重量を軽くできる点もスマホに搭載されている理由になります。

　有機ELは有機化合物でできているため、炭素や水素といった元素が主成分で、酸素、窒素、硫黄、ケイ素、アルミニウムなどが分子に組み込まれることもあります。

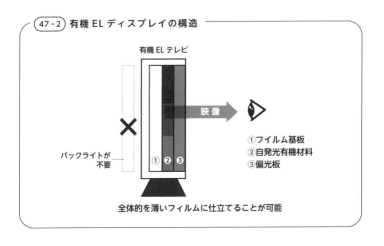

(47-2) **有機ELディスプレイの構造**

有機ELテレビ

映像

バックライトが不要

① フィルム基板
② 自発光有機材料
③ 偏光板

全体的を薄いフィルムに仕立てることが可能

■タッチパネル・バッテリー・コンデンサ

スマホ画面とテレビ画面の大きな違いは、**タッチパネル**にあります。スマホのタッチパネルは静電容量方式と呼ばれる種類のもので、生体電気を検出する方法でタッチしたことやその位置を検出しています。この技術には透明電極としてインジウム **In** とスズ **Sn** の酸化物が使われています。

スマホには**バッテリー**が搭載されています。このバッテリーはリチウム **Li** を利用したリチウムイオン電池[*4]です。軽量で大容量なうえ、安全性も高いすぐれた電池です。

持ち運びするデバイスにとって軽量化は重要な課題です。電子部品のひとつである**コンデンサ**[*5]も例外ではありません。コンデンサの小型化にはタンタル **Ta** というあまり馴染みのない元素が使われています。タンタルを用いたコンデンサは小型でも高性能なため、スマホになくてはならない元素です。

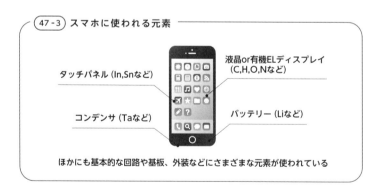

（47-3）**スマホに使われる元素**

タッチパネル (In,Snなど)

液晶or有機ELディスプレイ (C,H,O,Nなど)

コンデンサ (Taなど)

バッテリー (Liなど)

ほかにも基本的な回路や基板、外装などにさまざまな元素が使われている

---

*4 『46・リチウムイオン電池ってどんなもの？』参照。
*5 電気を蓄えたり、放出したりする電子部品。

車の排ガスはどうやって浄化している？

自動車はとても身近な乗り物で、私たちの生活に欠かせない存在です。たくさんの素材を組み合わせて作られていることから、使われている元素もたくさんあります。

■ 自動車の三大材料

　自動車は2〜3万点のパーツを組み立てて完成します。たくさんのパーツがありますが、その多くはざっくりと**鉄鋼**、**アルミ合金**、**樹脂**に分類されます。これが自動車の三大材料です。

　鉄鋼は主成分が鉄 **Fe** で、少量の炭素 **C** が混ざっています[1]。すぐれた性能をもたせるためにクロム **Cr** やニッケル **Ni**、モリブデン **Mo** などが混ぜられることもあります。エンジンや歯車、ボディなどに使われます。

　アルミ合金の主成分はその名の通りアルミニウム **Al** です。ここに銅 **Cu**、マグネシウム **Mg**、マンガン **Mn** を混ぜた「**ジュラルミン**」と呼ばれる合金がエンジンやボディに使われます。

　樹脂は三大材料のなかで唯一の非金属材料です。いわゆるプラスチック材料[2]で、主成分は炭素や水素 **H** や酸素 **O** です。ハンドルや座席など車の内装に使われます。

■ できるだけ軽くしたい

　当たり前ですが、自動車は動きます。動くものを作るときに

＊1　『21・現代の豊かな社会をつくった鉄』参照。
＊2　『35・プラスチックと紙は親戚だった？』参照。

48 - 1
自動車に使われる元素

ボディ(Fe,Al など)

内装(C,H,O など)

浄化装置
(Pt,Rh,Pd など)

バッテリー
普通車(Pb など)
電気自動車(Ni,La,Li など)

エンジン
Fe,Cr,Ni,Mo など

タイヤ(C,H,S など)

大切なのは、できるだけ軽くすることです。車体が軽ければ軽いほど動くためのエネルギーが少なくなるので燃費がよくなり環境にも優しくなります。また事故を起こしたときの危険性も弱まります。

　自動車の三大材料は鉄鋼、アルミ合金、樹脂の順に軽くなります。ということは理想的には、自動車はできるだけ多くのパーツを樹脂で作ったほうがいいわけです。実際、自動車のボディパーツのような置き換わりが比較的簡単な場所から、鉄鋼はアルミ合金へ、アルミ合金は樹脂へとどんどん置き換わっています。

　ただし樹脂は耐熱性や強度が鉄鋼ほどすぐれていないので、すべてのパーツを樹脂で置き換えるのは簡単ではありません。

■ 強いタイヤは硫黄から

　自動車のタイヤはゴム製で、主成分は炭素と水素です。

　タイヤは日々道路と激しくぶつかりながら摩擦も受けているため、ただのゴムではすぐにボロボロになってしまいます。それを防ぐため、タイヤにはさまざまな配合剤が練り込まれていて、なかでも特徴的なのが硫黄 **S** です。ゴムに硫黄を加えると、ゴムの分子どうしが硫黄でつながれる「架橋」と呼ばれる化学反応が起きることで強度や弾性が改善されます。

■ バッテリーは多種多様

　電気自動車やハイブリッド自動車は当然ですが、ガソリンで動くふつうの自動車もエンジンを起動するなどのためにバッテリーが搭載されています。

　ふつうの自動車では、**鉛蓄電池**と呼ばれるバッテリーが利用されています。このバッテリーは電極に鉛 **Pb** や酸化鉛［PbO］が使われ、電解液に硫酸［H_2SO_4］が使われています[3]。

　電気自動車にはより強い電圧が必要になり、たくさんの電池を積む必要があります。つまり電池ひとつひとつを軽く、小さくする必要があるわけです。以前からよく使われていたのは**ニッケル水素蓄電池**（Ni、La、H など）というものです[4]。

　近年では**リチウムイオン電池**（Li、Co、C など）を用いたものもあります[5]。たとえば日産の電気自動車「リーフ」は、リチウムイオン電池を 192 個使って約 360 V の電圧を得ています。

---

[3]　実際のバッテリーでは鉛蓄電池を直列につなぎ、計12Vの電圧を利用する。
[4]　『53・水素ガスをため込む《ランタン》』参照。
[5]　『46・リチウムイオン電池ってどんなもの』参照。

■排ガスを浄化する元素たち

車の排ガスを浄化するために白金 **Pt**、ロジウム **Rh**、パラジウム **Pd** が使われています。自動車のエンジンから出た排ガスは一酸化炭素や窒素酸化物といった成分が含まれていて、このままでは環境や人体に有害のため規制されています。

ではどうするかというと、排ガスを車体から吐きだす前に一酸化炭素や窒素酸化物を浄化するためのフィルターを挟みます。このフィルターは表面にナノサイズの白金、ロジウム、パラジウムの粒子がまぶされており、排ガスを無害なガスに変換する触媒の役割を果たします。これを「三元触媒」と呼び、排ガスがこのナノ粒子に触れると、比較的無害な二酸化炭素や窒素ガスになり、排気しても害のないものになります*6。

私たちが自動車を安全に利用できているのは、こういった元素が活躍してくれているおかげなのです。

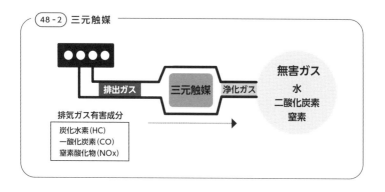

48 - 2 三元触媒

排出ガス　三元触媒　浄化ガス

無害ガス
水
二酸化炭素
窒素

排気ガス有害成分
炭化水素（HC）
一酸化炭素（CO）
窒素酸化物（NOx）

---

*6 炭化水素を水と二酸化炭素に酸化し、一酸化炭素は二酸化炭素に酸化する。窒素酸化物は窒素に還元する。

第 **8** 章

「先端技術」
にあふれる元素

49 「レアメタル」って何？

レアメタルとは文字通り、レア（希少）なメタル（金属）のことで、経済産業省が80年代に指定した「存在量が少ない」「取りだすのが困難」などの基準による47元素とされています。

■ レアメタルはとても大切！

レアメタルは、「地球上の存在量がレアであるか、技術的・経済的な理由で抽出困難な金属のうち、現在工業用需要があり今後も需要があるものと、今後の技術革新に伴い新たな工業用需要が予測されるもの」と、日本では定義されています。約90の天然に存在する元素のうち**47元素**が指定されています[1]。ですから天然元素の半分近くがレアメタルなのです。

その種類は大きく4つに分けられます。「**白金族**」「**レアアース**（希土類）」「**国が備蓄しているもの**」「**それ以外**」です。レアメタルは、最新の工業技術にとても重要なはたらきをしていて、日本のものづくりにとって欠くことのできない重要な資源の総称です。

レアメタルの主な機能には、磁性・触媒・工具の強度増強・発光・半導体の性質などがあります。これらを利用した機器は携帯電話・デジカメ・パソコン・テレビ・電池・各種電子機器などさまざまです。レアメタルは、現在の私たちの暮らしをより豊かにするために必要な機器をつくるのに不可欠なのです。

---

[1] 研究者によっては何をもってレアメタルにするかは異なる。たとえば白金族にルテニウム、ロジウム、オスミウム、イリジウムを加えることもある。なお、47種にはホウ素BやテルルTeのように金属元素でないものも含まれている

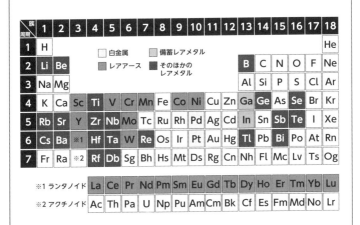

49-1 周期表とレアメタル

族\周期	1	2	3	4	5	6	7	8	9	10	11	12	13	14	15	16	17	18
1	H																	He
2	Li	Be											B	C	N	O	F	Ne
3	Na	Mg											Al	Si	P	S	Cl	Ar
4	K	Ca	Sc	Ti	V	Cr	Mn	Fe	Co	Ni	Cu	Zn	Ga	Ge	As	Se	Br	Kr
5	Rb	Sr	Y	Zr	Nb	Mo	Tc	Ru	Rh	Pd	Ag	Cd	In	Sn	Sb	Te	I	Xe
6	Cs	Ba	※1	Hf	Ta	W	Re	Os	Ir	Pt	Au	Hg	Tl	Pb	Bi	Po	At	Rn
7	Fr	Ra	※2	Rf	Db	Sg	Bh	Hs	Mt	Ds	Rg	Cn	Nh	Fl	Mc	Lv	Ts	Og

□ 白金属　□ 備蓄レアメタル
□ レアアース　■ そのほかのレアメタル

※1 ランタノイド La Ce Pr Nd Pm Sm Eu Gd Tb Dy Ho Er Tm Yb Lu

※2 アクチノイド Ac Th Pa U Np Pu Am Cm Bk Cf Es Fm Md No Lr

埋蔵量は多いものの、抽出が困難な金属も含まれる。
入手のしにくさに加え、今後の工業用需要についても加味してある。

49-2 レアメタルの特徴

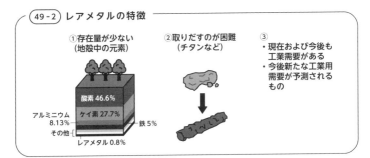

①存在量が少ない（地殻中の元素）

②取りだすのが困難（チタンなど）

③
・現在および今後も工業需要がある
・今後新たな工業用需要が予測されるもの

酸素 46.6%
ケイ素 27.7%
アルミニウム 8.13%
鉄 5%
その他
レアメタル 0.8%

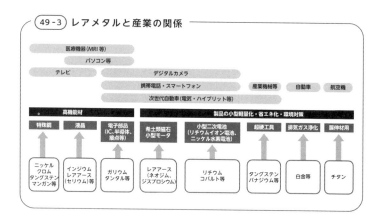

49-3 レアメタルと産業の関係

医療機器(MRI 等)

パソコン等

テレビ / デジタルカメラ

携帯電話・スマートフォン / 産業機械等 / 自動車 / 航空機

次世代自動車(電気・ハイブリット等)

高機能材				製品の小型軽量化・省エネ化・環境対策			
特殊鋼	液晶	電子部品 (IC、半導体、 接点等)	希土類磁石 小型モータ	小型二次電池 (リチウムイオン電池、 ニッケル水素電池)	超硬工具	排気ガス浄化	展伸材用
ニッケル クロム タングステン マンガン等	インジウム レアアース (セリウム)等	ガリウム タンタル等	レアアース (ネオジム、 ジスプロシウム)	リチウム コバルト等	タングステン バナジウム等	白金等	チタン

■ レアメタルの産出国

レアメタルの主な産出国は、中国・ロシア・北米・南米・豪州・南アフリカなどの特定の国に偏っています。残念ながら日本には産出を誇れるようなレアメタルはありません。

たとえば、埋蔵量で、**中国**はモリブデン **Mo**、タングステン **W**、アンチモン **Sb** は世界1位、**ロシア**はバナジウム **V** で世界1位、ニッケル **Ni** で同2位、北米はガリウム **Ga**、テルル **Te** で世界1位、南米の**チリ**はリチウム **Li** で世界1位、**ブラジル**はニオブ **Nb**、タンタル **Ta** で世界1位、**豪州**はチタン **Ti**、ニッケルで世界1位、**南アフリカ**は白金族、クロム鉱で世界1位、マンガン **Mn** で同2位です*2。実際に掘り出して生産している量は、中国がダントツの1位です。

産出国の政情や輸出の方針の変更などにより、今後レアメタ

---

*2 順位は 2008 年のもの。

49-4 国が備蓄しているレアメタル

バナジウム V
クロム Cr
マンガン Mn

コバルト Co

ニッケル Ni
モリブデン Mo
タングステン W

ルが不足することになるかもしれません。したがって、さまざまな工業製品に必要不可欠なレアメタルを安定に供給確保するために、日本では1983年から金属鉱業資源機構法にもとづいて、レアメタルのうち7種を約1カ月分備蓄しています。

■ レアメタルについての国家戦略

レアメタルの産出国はレアメタルを輸出して外貨を稼ぎ、日本をはじめとするレアメタルの消費国は、それを輸入し製品をつくり、製品を輸出することで利益を得ています。

ところが近年になって、この構造に変化が表れてきました。

たとえば、レアメタルの産出国である中国はレアメタルを国家戦略の柱と位置づけて、レアメタルの輸出規制をしました。それは国内のハイテク産業の成長にともなう需要増加があることに加えて、レアメタルの価値を高めるためだと考えられます。中国の輸出規制により、日本は原料不足となり生産に影響が出てしまいました。そこで中国のみに依存せず、他の国との協力関係を広げています。

50 「都市鉱山」を掘り返す

> 都市で大量に廃棄される家電製品などには、有用な金属資源が多く含まれています。そのため、これらを「都市鉱山」と呼んで、リサイクルしていく動きが進んでいます。

■ 元素は有限

　私たちの身のまわりには、電子製品があふれています。スマートフォンやノートPCをはじめとする製品には、地球規模で貴重な素材が多く使われています。レアメタル（希少金属）はもちろん、レアメタルでなくても資源に限りのある元素はあります。

　たとえば電子部品に欠かせない金 **Au** は資源に限りのある元素で、2019 年末までに人類が掘り当てた総量は約 20 万トン、競技用プールで換算すると、わずか4杯分しかありません[*1]。世界中の金をすべてかき集めてもそれだけの量なのです。

　元素は、他の元素に変換することができません。 ゆえに多くの元素は地球上での量が限られた財産であり、考えなしに消費・廃棄しているとそれらの元素は私たちの社会から失われてしまう懸念さえあるのです。

■ 元素を「都市鉱山」から掘る

　そうとわかれば、当然リサイクルを考えたいところです。実

[*1] 金は「限りある資源」であることは間違いないが、経済産業省の定める「レアメタル」には含まれていない。『18・その輝きで人類を魅了し続ける金・銀』参照。

際、廃棄された旧型電子製品のゴミ山を「**都市鉱山**」と呼び、使われたパーツから金属資源を「掘り返す」取り組みが進んでいます[*2]。たとえば金のデータを見ると、わが国に限ってもおよそ 6800 トンの金が眠っているという試算があります。これを無視するわけにはいきません。

■ 都市鉱山を発掘して財を築けるか？

ところで、型落ちして使わなくなったスマートフォンや PC ぐらいは家中を探せばいくつか出てきそうなものです。そういう電子製品ゴミを集めて貴金属を取りだし、お金儲けをすることは可能なのでしょうか。

金を例にあげると、個人で都市鉱山から金を発掘する方法は大きく分けて 2 通りあります。電気化学の力を借りる「電解法」と、薬品処理の力で押し切る「沈殿法」です。

電解法はやや本格的な化学の知識が必要で、電解装置つきキットの購入に 7 〜 8 万円かかります。**沈殿法**は初期投資が 1 万円程度で済み作業自体も簡単ですが、健康リスクの高い手順と環境に悪い大量の廃液が避けられません[*3]。

そもそも PC 1 台に使われている金の量は微々たるものですから、稼ぎになる量の金を集めるためには廃 PC が数十から数百台は必要です。つまり、残念ながら個人で都市鉱山を発掘して財を成すのは、現実的ではないということになります。

[*2] 日本では 2013 年から「小型家電リサイクル法」を施行するなどして貴金属などのリサイクルの効率化を進めている。

[*3] ちなみに初期投資の 1 万円には防護服と廃液処理設備の代金は含まれていない。

アクセサリーとしてなじみのある白金（プラチナ）は、最先端科学の現場でもよくはたらいてくれている元素です。自動車の排ガス装置やガン治療にも活用されています。

■ 日常的にはアクセサリーで有名

白金 **Pt** はアクセサリーの材料として有名です。白金を用いた指輪を「プラチナリング」というように、白金をプラチナと呼ぶこともあります[*1]。

白金は金 **Au** よりも貴重な金属です。金が年間 2500 トンとれた年の白金の産出量は 200 トンでした。高価な装飾品にふさわしい、まさに貴重品です。

昔は日本でも白金がとれ[*2]、一時は輸出に回せるほどでした。しかし現在は日本から白金の輸出はされず、**世界の総産出量の 70％が南アフリカ共和国からのもの**です。

■ 優秀な触媒になる元素

白金にはアクセサリー以上の用途があります。それは化学の工場や研究で使われる「**触媒**」としての利用です。白金の総産出量の 30％がアクセサリーに用いられるのに対し、**40％が触媒**に用いられています。

最も身近な白金触媒は、自動車の排ガスを浄化する「**三元触**

[*1] ただし同じく装飾品に使われる「ホワイトゴールド」は金やニッケル、パラジウムなどとの合金で、白金ではない。

[*2] 北海道北部のとんがり（宗谷岬）から南側のとんがり（襟裳岬）までを貫く山々の谷間で砂白金がとれた。

媒」と呼ばれるもので、この触媒は白金、ロジウム **Rh**、パラジウム **Pd** の 3 つの元素が用いられています[3]。

ほかにも石油の精製工程や、肥料の原料となる硝酸［HNO_3］を合成する際にも使われます。

■ 白金を飲んでガン治療？

白金からつくられる**抗ガン剤**もあります。シスプラチンという物質で日本では 1985 年に承認・利用されています[4]。シスプラチンは点滴で静脈注射することで、ガン細胞の細胞分裂が起きないようにします。しかし同時に正常な細胞の分裂も阻害してしまうことがあり、腎臓への負担や悪心、嘔吐などの副作用があります。

そこで、シスプラチンを改良して腎臓への負担をやわらげた抗ガン剤であるカルボプラチンという物質[5]が登場しました。シスプラチン同様白金が組み込まれていて、1990 年に日本でも認証されています。

51 - 1 いろいろな白金の利用

プラチナリング　　　　排ガス浄化触媒　　　　抗ガン剤

---

[3] 『48・車の排ガスはどうやって浄化している？』参照。
[4] 化学式は［$Cl_2H_6N_2Pt$］で、商品名は「ブリプラチン」や「ランダ」。
[5] 化学式では［$C_6H_{12}N_2O_4Pt$］で、商品名は「パラプラチン」。

52 ロケットや原子炉に必須《ベリリウム》

学校で元素を習ったときに「水兵リーベ僕の船」と唱えた方も多いでしょう。そのなかでもひときわなじみの薄い元素がベリリウムです。この元素はどこで何をしているのでしょう。

■基本的には超優秀！

単体ベリリウム **Be** は表面に強固な酸化被膜を生じることで空気中でも安定に扱える金属です。

非常に軽いことが特徴で、密度はアルミニウム **Al** の3分の2しかありません。また融点はアルミニウムより約600℃も高く、耐熱性も申し分ありません。合金の材料としても優秀で、銅 **Cu** との合金「銅ベリリウム」は耐腐食性や強度が非常にすぐれます*1。

■大きな欠点もある

しかしベリリウムは、身近で使われることはほとんどありません。粉塵に極めて強い毒性があるためです。

1940〜1950年にベリリウム合金の加工・生産をする工場で従業員が次々と呼吸困難や食欲不振、肉腫などの症状を訴えました。「**ベリリウム症**」と呼ばれる疾患です。現在では防塵をしっかりおこなうことでこの疾患を避けることができますが、日常的に触れるものには使えない材料なのです。

＊1 旧ソ連（現ロシア）にはベリリウム合金の優秀さを扱った戯曲『すばらしい合金』（ジャンルはラブコメ）というものまである。この戯曲はウラジーミル・ミハイロヴィチ・キルションの作品で、1937年に杉本良吉による日本語訳が出版された。

■それでもしっかりはたらきます

とはいえ、人があまり近づかない場所や、欠点を踏まえてもなお使いたい場所ではしっかりと用いられています。

先ほど紹介した銅ベリリウムは**戦闘機の電気系統**や**レーダーの部品**に使われています[2]。

酸化ベリリウムは耐火性にすぐれているため、**原子炉の材料**や**ロケットエンジンの燃焼室**に使われます。

ベリリウムは、X線をよく通し、かつ大気中で安定です。その特性をいかして、X線発生装置からX線を取りだす窓の素材に使われています。「窓」といっても中は見えません。つまり可視光は通さないけれども、X線はどんな素材よりも通すという、不思議な窓なのです。

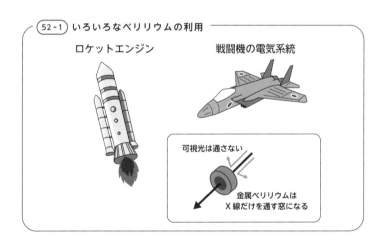

52-1　いろいろなベリリウムの利用

ロケットエンジン　　　　戦闘機の電気系統

可視光は通さない

金属ベリリウムは
X線だけを通す窓になる

---

[2]　戦闘機は国防の主要装備品のため、多くの国にとってベリリウムは確保すべき希少金属ということになる。

53 水素ガスをため込む《ランタン》

周期表を見ると、メインのスペースの下におまけのように置かれた元素が2列あるのがわかります。その上の一列を「ランタノイド」といいます。その最初の元素がランタンです。

■ ニッケル水素電池の重要材料

　ランタン **La** の最重要用途は、**ニッケル水素電池の電極**です。ニッケル **Ni** との合金［$LaNi_5$］という形で用いられます。「ニッケル水素電池」という名前からはランタンを使っていることは想像しづらいですが、ニッケル水素電池を積んだハイブリッドカーを1台つくるのにランタンが5〜10 kg も必要ですから、非常に重要な材料です。もっとも、近年ではリチウムイオン電池への代替も進んでおり、ランタンの重要性は今後は低くなってくるかもしれません。

　また、パナソニックが発売する充電式乾電池「eneloop（エネループ）」もニッケル水素電池で、電極にランタンが使われています。

■ ランタンが使い捨てライターを着火する

　ランタンやセリウム **Ce** が主成分の合金「ミッシュメタル」に鉄 **Fe** を足すと「発火合金」と呼ばれる金属をつくることができます。この合金は少しの衝撃で火花を出す性質があり、

使い捨てライターの着火機構に用いられています。

■ ランタン合金は水素ガスをため込むことができる

　ランタン合金は、自身のなかに水素ガスを吸蔵できる性質をもちます。水素ガスの分子（H_2）が非常に小さいため、金属に浸み込んでいくのです。ニッケル水素電池にランタン合金が使われるのはこのためです。

　ニッケル水素電池はその名前の通り、水素ガスを利用して放充電をおこないます。しかし水素ガスは容易に引火して爆発するので、そのまま使うわけにはいきません。そこで **水素ガスをランタン合金に染み込ませて爆発しない状態にすることで利用している** というわけです。

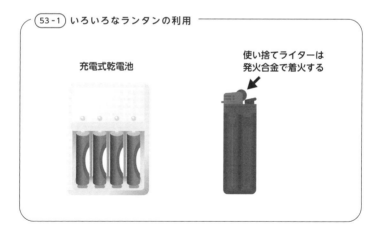

（53-1）いろいろなランタンの利用

充電式乾電池

使い捨てライターは
発火合金で着火する

54 強力な磁石をつくる《ネオジム&ニオブ》

ネオジムとニオブはどちらも磁石技術と関連の深い元素です。一般的な磁石（永久磁石）とどう違うのか、またふたつの元素がどのように使われているのかを見ていきましょう。

■ 身近な世界最強永久磁石：ネオジム

私たちがふだん磁石と呼んでいるものは**永久磁石**といいます。特別なことを何もしなくてもずっと磁石であり続けます。

磁石を使って冷蔵庫にメモを張りつけている家庭は多いでしょう。こうした用途で使うマグネットは「**フェライト磁石**」と呼ばれ、鉄 **Fe** の酸化物を主成分としています。磁力の強さはそれほど強くないものの、安価につくることができます。

世界で一番強い磁力を出す磁石は**ネオジム磁石**と呼ばれるものです、ネオジム **Nd**、ホウ素 **B**、鉄の３つの元素が使われています[1]。ネオジム磁石は強力な磁力が必要な製品、たとえばモーターやヘッドフォンなどのパーツに利用されています。また医療の現場では、体の断面図を得るための MRI[2] に用いる磁石として採用されています。

■ さらに強力な超伝導電磁石：ニオブ

電線をぐるぐる巻いたものを「コイル」といいますが、これに電流を流すと磁場（磁界）が発生してコイルがあたかも磁石

---

[1] ネオジム磁石は 1984 年に日本人研究者・佐川眞人が発明。今では 100 均ショップで買えるほど安価になったが、磁力が強いので指を挟む事故に注意する必要がある。

[2] MRI は「Magnetic Resonance Imaging」の略。磁気共鳴画像診断装置のことで、磁気の力を利用して臓器や血管を撮影する。

のようになります。これを**電磁石**といいます。永久磁石とは
違い、電磁石はコイルに電気が流れているときだけ磁石とし
てふるまいます。流す電流が大きいほど強力な磁石としては
たらくため、条件しだいでは永久磁石の磁力を超える強い磁
石をつくることができます。

　電線にニオブ **Nb** とチタン **Ti** の合金を使うことで、ネオジ
ム磁石を超える非常に強力な電磁石をつくることができます。
ニオブ合金を液体ヘリウムなどで−263℃付近まで冷やすと、
どんな金属でも多少は存在するはずの電気抵抗がゼロになる
「**超伝導**」という状態になります。電気抵抗がないと電流をロ
スなく伝えるため、大電流を電線に流すことができ、非常に
強力な電磁石を実現できるのです[*3]。

(54-1) **永久磁石と電磁石、超伝導電磁石**

	永久磁石	電磁石	超伝導磁石
例	[常温]	[常温]	[極低温]
磁力の有無	何もしなくても磁石でいつづける	電流を流すと磁石になる 電流が大きいほど磁石が強い	
磁力の強さ	温度ごとに一定 ネオジム磁石が最強	流せる電流が限られ磁力にも限界がある	大電流を流せるため強力な磁力が得られる

[*3] ニオブ合金を用いた超伝導電磁石も MRI に用いられている。また、超伝導電磁石を利用
して磁力で浮いて走る高速鉄道・超伝導リニアの開発がおこなわれている。

55 映像ディスプレイをつくる《インジウム》

インジウムはあまり聞かない元素かもしれませんが、主にテレビやスマートフォンのディスプレイで使われています。ほとんどの現代人はインジウムの恩恵を受けて生活しているのです。

■ さまざまな映像ディスプレイを実現

インジウムはテレビやスマートフォンなどの液晶ディスプレイやタッチパネルに利用されています。

酸化インジウムスズ（ITO；Indium Tin Oxide）というセラミックス材料は粉状では白色ですが、押し固めると透明な薄膜になる性質をもっています。これがディスプレイに重ねられており、液晶をコントロールすることで液晶ディスプレイになったり、生体電気を検出することでタッチパネルになったりします[*1]。

■ 透明かつ電気を通す

ITOのような材料を「**透明導電膜**」、透明導電膜でつくった電極を「**透明電極**」といいます。ITOがなぜ画期的かというと、上から重ねてもディスプレイが見える「**透明**」という性質と、電気信号を回路に流すための「**電気を通す**」という性質を、ふたつ同時にもっているからです。

透明だけど電気を通さない材料は「ガラス」として、あるい

＊1 『47・液晶や有機ELの元素って何？』参照。

	焼き物	金属製品	ガラス製品	透明導電膜
例				
人類が利用を始めた時期	紀元前2万年頃	紀元前9000年頃	紀元前3000年頃	1950年頃
光を通す	×	×	○	○
電気を通す	×	○	×	○

は電気を通すけれど不透明な材料は「金属材料」としてどちらも古代から知られていました。ただどちらの性質も合わせもつ材料は近代に入るまで知られていなかったのです。

■ ITO の欠点

インジウムは希少な元素で、枯渇の恐れがあります。そのため近年ではインジウムを使わない透明電極の研究が進められています。

ITO はセラミックスのため、同じセラミックスのお茶碗同様に、硬くてもろい性質があります。そのため自由に曲げることができず「折りたためるディスプレイ」のようなものには使いづらいことになります。こうした欠点を補うために、いくつかの代替材料が研究されています[2]。

---

[2] たとえば主成分が炭素Cと水素Hの導電性プラスチックは枯渇の心配がなく、折り曲げも可能な物質です。『35・プラスチックと紙は親戚だった？』参照。

56 あらゆる鋼鉄を生む五大元素

私たちの身のまわりでは鉄を主成分とした材料である「鋼（はがね）」が活躍しています。そもそも鋼とはどんな鉄なのでしょう。そして「特別な鋼」とはどのような鋼なのでしょう。

■ 炭素が鉄を「鋼」にする

鋼というのは鉄 **Fe** に微量の炭素 **C** が混じった**鉄と炭素の合金**で、「炭素鋼」と呼ぶこともあります。

本来は基準値以上の純度のものを鉄（純鉄）、一定以上の炭素が混じったものを鋼と分けて呼ぶべきでしょうが、製鉄の工程で炭素が必ず混じってしまうため、鋼のことを単に「鉄」と呼んだり、両者ともを「鉄鋼」と呼んだりします。

鋼の強さの秘訣は**炭素の微量添加**にあります。不純物を含まない高純度（99.9999%）の鉄は、鋼の 10 分の 1 の強度しかありません[1]。逆に炭素が多すぎる（約 2% 以上）と、鋼は鉄カーバイド（Fe_3C）という物質に変化してしまいます。この物質は非常に硬いですがそれゆえに割れやすい、セラミックスのような材料になってしまいます。

私たちが望むようなちょうどよいかたさや強度を達成するには、多すぎず少なすぎない適度な量の炭素が必要というわけです。

---

[1] かわりに延性や展性が向上したりさびにくくなったりといったよい面もあるが、強度がないため多方面で活用するには不向き。

■ 鉄鋼の五大元素

炭素鋼をつくる際にとくに注目される「**鉄鋼の五大元素**」と呼ばれる元素があります。炭素、ケイ素 **Si**、マンガン **Mn**、リン **P**、硫黄 **S** の5つです（鉄は大前提で、ここには数えられないようです）。

これらのうち、**炭素、ケイ素、マンガンは鋼の性質を向上させる**効果がある一方で、**リンと硫黄は鋼をもろくする**元素です。5つの元素は少しの量の違いでも鋼の性質に影響します。

鉄鋼の五大元素はわざわざ添加しなくとも材料等から自然に混入します。これら以外の元素を微量添加することで、すぐれた性質を持った特別な鋼がつくられます。

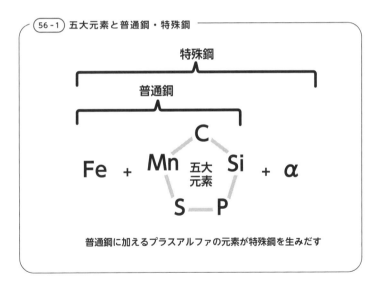

56-1 五大元素と普通鋼・特殊鋼

特殊鋼

普通鋼

Fe + Mn 五大元素 Si + α

C

S　P

普通鋼に加えるプラスアルファの元素が特殊鋼を生みだす

■鋼に元素を添加する

さまざまな元素を添加した特別な鋼を見ていきましょう。

炭素鋼にクロム **Cr** を 1％程度添加した「**クロム鋼**」は耐摩耗性と耐腐食性がすぐれています。クロムの比率を 10％程度まで上げると、非常にさびにくい鋼ができあがります。これがおなじみの「**ステンレス鋼**」です[*2]。ステンレス鋼には約10％のクロムのほか、ニッケル **Ni** を添加した種類もあります。ニッケルは加工性や強度、耐熱性を向上させます。

モリブデン **Mo** の添加によって高い強度を実現した合金もあります。鋼にクロムとモリブデンを添加した「**クロム－モリブデン鋼**」は高い強度に加え、溶接が容易という特徴があり、自転車のフレームやパーツ、航空機に用いられています。引張強度に不安があるときは、ニッケルも加えた「**ニッケル－クロム－モリブデン鋼**」という鋼が使われることもあります。

ほかにも、マンガン **Mn** を追加した「**マンガン鋼**」は引張強度や耐靱性から、キャタピラーのリングや、土木工事に用いる機材の材料などに使われます。

また、先ほど「硫黄は鋼をもろくする」とお話ししましたが、それを逆手にとって「削り加工がしやすい鋼材」をつくるために硫黄を添加する場合もあります。この鋼を「**快削鋼**」といいます。

さらに特殊な工具や部品を作るために、タングステン **W** やコバルト **Co**、バナジウム **V** といった金属が合金材料に使われ

[*2] ステンレス（stainless）は「さびない、汚れのない」という意味。

ることもあります。バナジウムが混じった「**バナジウム鋼**」
はかたさに加えて耐水性にすぐれます。

■ 金の王なる哉

鉄鋼は添加する元素に応じて千変万化するすばらしい材料
で、まだほかにも添加元素は存在します。

鉄は旧字体で「鐵」と書きます。日本の有名な鉄鋼学者である本多光太郎[*3] は、この漢字と鉄の優秀さをかけて「金の王なる哉」と評しました。さまざまな元素と組み合わさりすぐれた材料になる鉄は、まさに金属材料の王の名に相応しいといえるでしょう。

56-2 **特殊鋼の例**

特殊鋼の名前	添加元素	用途別
クロム鋼	Cr	自動車部品
ステンレス鋼	Cr,Ni	流し台、鉄道車両
クロムモリブデン鋼	Cr,Mo	自転車部品、航空機部品
ニッケルクロムモリブデン鋼	Ni,Cr,Mo	バイクフレーム、エンジン
マンガン鋼	Mn	キャタピラーのリング、土木工事用機材
マンガンクロム鋼	Mn,Cr	機械部品、鉄道車両、自動車用バネ
快削鋼	S	自動車部品、OA機器部品、時計部品
タングステン鋼	W	工具、金属加工用機材
クロムバナジウム鋼	Cr,V	工具、金属加工用機材
マルエージング鋼	Ni,Co,Mo	ミサイル部品、遠心分離機

[*3] 本多光太郎 (1870〜1954年) は鉄鋼および磁石研究の世界的先駆者。彼の発明した鉄系
永久磁石「KS鋼」は従来の磁石性能をはるかにしのぎ、世界中を驚かせた。

57 膨大な熱を生む元素、制御する元素

2011年3月11日に起きた東北地方太平洋沖地震以来、原子力発電への関心が一層高まっています。ここでは原子力発電の中心部である原子炉を元素の観点から見てみましょう。

■ そもそも原子炉とは何なのか

原子力発電では、燃料となる放射性原子が核分裂する際に放出される熱を使って水を加熱します。加熱された水が沸騰して水蒸気となり、タービンと呼ばれる羽を回すことで発電がおこなわれます[*1]。

原子炉は放射性原子が核分裂を起こすところ、つまり水を沸かすための熱が発生している部分です。何が熱を生みだすのか、熱をどう制御するのかがポイントになります。

■ 燃料はウラン

核分裂を起こして熱を生みだす燃料はウラン U やプルトニウム Pu です。

ウラン原子1個に中性子1個を衝突させることを考えます。ウラン原子は中性子を吸収して不安定になり、すぐに崩壊（分裂）を起こします。これが核分裂です。ウラン原子はクリプトン Kr の原子1個、バリウム Ba の原子1個、中性子3個の計5つに分裂し、ついでに大量の熱を放出します。この熱は水を

---

*1 この方法は、原理的には「電力を用いて扇風機を回す」ことの逆をやっていることになる。

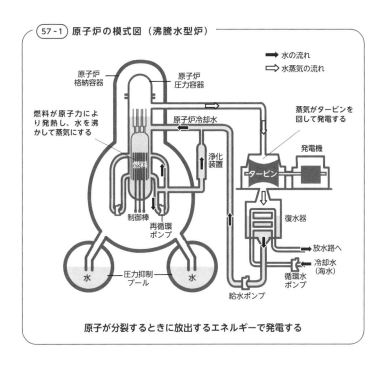

原子炉の模式図（沸騰水型炉）

➡ 水の流れ
⇨ 水蒸気の流れ

原子炉
格納容器

原子炉
圧力容器

燃料が原子力により発熱し、水を沸かして蒸気にする

原子炉冷却水

蒸気がタービンを回して発電する

発電機

浄化
装置

タービン

燃料

制御棒

再循環
ポンプ

復水器

放水路へ

冷却水
（海水）

循環水
ポンプ

水

圧力抑制
プール

水

給水ポンプ

原子が分裂するときに放出するエネルギーで発電する

沸かしてタービンを回すのに使われます。

　ここで発生した3個の中性子がほかのウラン原子に衝突することで、次の核分裂の引き金となります。中性子は3個あるので、今度は3個のウラン原子が核分裂します。すると3個のウラン原子から計9個の中性子が出てきて、次は9個のウラン原子が核分裂して……と連鎖していきます。こうして熱が急速に発生します。

この急速な核分裂を制御せずに放っておいたものが**原子爆弾**です。一方で、中性子の量を減らして核分裂のペースを高度に制御したものが**原子炉**です。

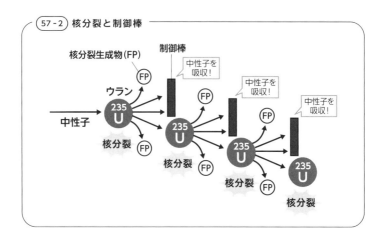

（57-2）**核分裂と制御棒**

■ 中性子を減らす制御棒

中性子を減らすには**制御棒**と呼ばれる道具を使います。制御棒は中性子を吸収する材料でできており、原子炉内の中性子量を減らすことで核分裂のペースを制御します。制御棒になれる元素は限られており、ハフニウム **Hf** やカドミウム **Cd** やホウ素 **B** が用いられます。

福島第一原発の事故が起きたあと、原発にホウ酸水を注入するという対応がおこなわれました。これも燃料のまわりにホ

ウ素を追加することで万が一中性子が発生しても核分裂が再発することのないようにと考えてのことでした。

■ そのほか、原子炉をつくるパーツ

原子炉を作るための材料をさらに 3 つ紹介します。

燃料被覆材：ウランなどを含む核燃料を包むケースのようなもの。ジルコニウム **Zr** やアルミニウム **Al** などの合金が用いられます*2。

減　速　材：ウランから飛びでた中性子は次の核分裂を引き起こすにはやや高速で動きすぎているため、ちょうどよいところまで減速させる必要があります。減速材には水が使われます。

遮　蔽　剤：原子炉の外に中性子や放射線をもらさないようにするための壁材。放射線の種類に応じて鉛 **Pb** やホウ素、重コンクリートなどが用いられます。

■ 原子力発電の現状

福島第一原発事故以来、原子力発電の危険性の再認識と原発稼働状況の見直しがおこなわれてきました。

2020 年 9 月 23 日時点の経済産業省の資料では、60 基のうち 24 基の廃炉が決定しており稼働中のものはわずか 3 基と発表されています。

---

*2　ジルコニウムは中性子をほとんど吸収しないために被覆材に用いられているが、一方で高温の水蒸気と反応して水素ガスを発生させる。福島第一原発では原子炉の冷却に失敗し、炉内の水蒸気が高温になり、発生した多量の水素ガスが建屋に漏れだして水素爆発が起きた。

58 古来、人類とともにある元素とその未来

本書を締めくくる最後の元素は炭素です。人類が古代からなじみのある元素のひとつで、私たち生物の体をつくる元素でもあります。一方で最先端の技術でも活用されています。

■ フラーレン：炭素でできたサッカーボール

本節でご紹介するのはどれも炭素 **C** の同素体です[*1]。

炭素原子 60 〜 90 個程度が丸い形に結合した分子を「**フラーレン**」といいます。有名なのは C_{60} と呼ばれる炭素原子 60 個のもので、この分子はサッカーボールと同じく正六角形と正五角形を貼り合わせてできる球形をしています。

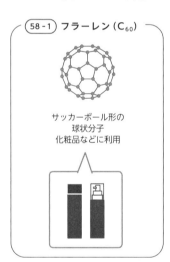

58-1 フラーレン（C_{60}）

サッカーボール形の
球状分子
化粧品などに利用

フラーレンは最初、宇宙の星から届いた光を調べることで見つかりました[*2]。

フラーレンはとてもユニークな分子です。材料は炭素のみなので安価に大量合成することができ、プラスチックの強度を上げたり化粧品に使われたりしています。

フラーレンの形は非常にき

---

* 1　同素体については『04・単体と化合物の違い』参照。
* 2　それを地球上で合成した化学者たちは 1996 年にノーベル化学賞を受賞している。
* 3　ビー玉がたくさん転がっている床を転ばずに歩くのは難しい。摩擦力が弱くなるからで、これと同じ発想がフラーレンを潤滑剤に使うということ。

れいな球形で、この特徴は潤滑剤に使えます*³。さらにおもしろいのがフラーレンの内部に空洞があり、この空洞に別の物質を閉じ込めることができる点にあります。近年MRI検査の造影剤に使うガドリニウム **Gd** 原子をフラーレン［C₈₂］に閉じ込めて安全性を高める研究が注目されています。

■ カーボンナノチューブ：炭素繊維

炭素原子がたくさんつながることでチューブのような形になった分子を「**カーボンナノチューブ**」といいます。フラーレン合成時に使われて使用後はゴミ扱いされていた電極から化学者・飯島澄男*⁴が発見しました。

これはその名の通り「チューブ」ですから、フラーレンのように中に別のものを入れることができます。チューブの中にさらにカーボンナノチューブが入ったものが「多層カーボンナノチューブ」で、さらに何重にも重ねて太くしたものは「**炭素繊維**」として用いられます。

炭素繊維は他の物質に混ぜ込むことで強度や耐腐食性を向上させたり軽量化したりするのに使われます。ボーイング787という旅客機の機体には炭素繊維複合材が使われ、機体の軽量化や燃費の向上を実現しました*⁵。

■ グラフェン：今後の注目株

鉛筆の芯を化学的に見てみると、炭素原子が六角形状につな

---

* 4 1939年生まれの化学者・物理学者。ノーベル賞候補の一人ともされている。
* 5 軽くなった分、機内を快適にするための設備を新たに積むことができるようにもなるため、炭素繊維は飛行機の乗り心地に大きく貢献しているといえる。

がってできた薄いシートが何重にも重なった構造をしています。これを「**グラファイト**」といい、ここからシートを一枚だけ剥がしたものを「**グラフェン**」といいます[*6]。

グラフェンはまだ応用にはいたっていませんが、今もっとも注目されている炭素材料のひとつです。重要な性質は、グラフェンが**丈夫で電気を通し、極めて薄いこと**です。こ

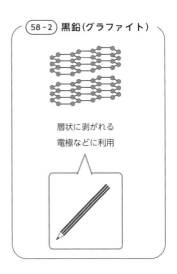

58-2 黒鉛（グラファイト）

層状に剥がれる
電極などに利用

れらの性質は「厚みがほぼゼロの折り曲げ可能なタッチパネル」という夢のような物質の可能性を示しています。

■ 化学が世界をおもしろくする

古代人が炭を知ってから長い年月が経った今、それとまったく同じ元素が医学に貢献し、空の旅を豊かにし、夢のタッチパネルの研究に使われています。たかが炭からこのような世界がつくられるなんて、誰が想像したでしょう。元素の可能性をさまざまな角度から見つけだし、頭のなかにふくらむイメージを形にする「化学」が、世界をこんなにもおもしろいものにしたのです。

＊6　この発見と研究をおこなった科学者たちは 2010 年にノーベル物理学賞を受賞した。

おわりに

　まず、改めて自己紹介をさせてください。

　私は元素学たん（@gensogaku）といいます。主に Twitter で、皆さんと元素や化学のおもしろさを共有するための発信をおこなっています。怪しい者ではないのでどうか警戒を解いてください。

　私が「元素学たん」という名で Twitter に生まれたのは 2013 年の 3 月でした。当時 Twitter では、ゆるいキャラクターアイコンのアカウントがお堅いイメージである学術を語るというコンセプトの、通称「学術たん」というものが流行っており、私もその文化のなかで元素のおもしろい話題を語る存在として生まれました。以降ずっと Twitter で元素や化学の話をしています。そんな何年も元素のことを考えていて飽きないんですかという感じですが、飽きないんですねこれが。

　皆さんにとって「元素」はどんな存在でしょうか。試験までに覚えないといけない嫌な奴かもしれないし、学生時代に飲まされた懐かしの苦汁かもしれません。なんにせよ、やはり「学校で習う勉強のひとつ」というイメージが強いのではないでしょうか。

私にとって元素は「世界を見渡すための足場」と「世界につながる扉」の両方を兼ねるような存在です。

　元素と周期表は私たちをいろんな世界に連れて行ってくれます。宇宙の誕生、星々の内部、空と海と大地、古代ギリシアで哲学が芽吹き科学技術が生まれて現代を生きるあなた、あなた自身の身体、あなたの眼球が見ているインクおよび紙（あるいは電子デバイス？）、ふと目線を上げれば必ず見つかるプラスチック、金属、セラミックス、15年前にはなかったポケットのスマートフォン、そして今はまだ身近でないけれど未来を創っていく最先端科学材料。「元素」という足場から実に幅広い世界を見渡すことができます。学校の勉強という枠には到底収まりきらない、私たちの広大な「世界」が元素と周期表からつながっているのです。こんなにおもしろいものがほかにありますか！（反語）

　本書は「元素」を足がかりに、皆さんをさまざまな世界へ連れて行こうと試みた読み物です。こう言っては何ですが、書いてあることを全部頭に入れましょう〜というような本ではありません（著者ですら全部覚えてはいません。ひえぇ！）。そうではなく、どこかひとつでも、あなたの行ったことのない世界に元素を通じて行けたらいいな、という本です。

　どうもこれは、旅行に似ています。旅行の道中にあったことを

全部覚えている人なんてそうはいませんが、ひとつふたつ楽しいことがあればその経験はかえがたい思い出になりますし、また次も旅行に行こうという気持ちになるものです。本書も、皆さんの次の一冊を誘うようなものになっていればいいのですが。

　私がこうして元素の本を書くことができたのは、大勢の方々のお力添えのおかげです。

　一般書の執筆経験がほとんど皆無だった私を誘ってくださった左巻健男先生には感謝してもしきれません。そのうえ、本書を書くにあたって数多くのご指導を授けてくださいました。ありがとうございました。

　私と日々ともに学び合った「学術たん」の方々およびその文化に感謝します。あなた方との日々が私をつくりました。

　本書は明日香出版社編集部の田中裕也さんによる激励と編集作業なしにはできあがりませんでした。大いに感謝します。

　最後に、私とともに元素を楽しんでくれる Twitter、元素周期表同好会、YouTube 視聴者の皆さま、そして本書の読者の皆さんに感謝します。

　ありがとうございました。

2021 年 4 月　元素学たん

参考文献

- 左巻健男『絶対面白い化学入門 世界史は化学でできている』ダイヤモンド社、2021年
- 左巻健男 編著『図解 身近にあふれる「科学」が3時間でわかる本』明日香出版社、2017年
- 左巻健男『面白くて眠れなくなる元素』PHP研究所、2016年
- 左巻健男 編著『あの元素は何の役に立っているのか？』宝島社、2013年
- 左巻健男 編著『ものづくりの化学が一番わかる －身近な工業製品から化学がわかる－』技術評論社、2013年
- 左巻健男（編集長）「理科の探検（RikaTan）」誌2012年夏号（通巻1号）
- 左巻健男、田中陵二 共著『よくわかる元素図鑑』PHP研究所、2012年
- 左巻健男 監修『元素百科』グラフィック社、2011年
- 桜井弘 編集『元素118の新知識』講談社、2017年
- サム・キーン 著、松井信彦 訳『スプーンと元素周期表』早川書房、2015年
- キース・ベロニーズ 著、渡辺正 訳『レア RARE 希少金属の知っておきたい16話』化学同人、2016年
- ベンジャミン・マクファーランド 著、渡辺正 訳『星屑から生まれた世界』化学同人、2017年
- 中井泉『元素図鑑』ベストセラーズ、2013年
- 日本化学会 編集『元素の事典』みみずく舎、2009年
- 山本喜一 監修『最新図解 元素のすべてがわかる本』ナツメ社、2011年
- ジョン・エムズリー 著、渡辺正 訳、久村典子 訳『毒性元素』丸善、2008年
- ジョン・エムズリー 著、山崎昶 訳『殺人分子の事件簿』化学同人、2010年
- 鈴木勉 監修『大人のための図鑑 毒と薬』新星出版社、2015年
- 作花済夫『トコトンやさしいガラスの本』日刊工業新聞社、2004年
- 井沢省吾『トコトンやさしい自動車の化学の本』日刊工業新聞社、2015年
- 森竜雄『トコトンやさしい有機ELの本（第2版）』日刊工業新聞社、2015年
- 鈴木八十二、新居崎信也『トコトンやさしい液晶の本（第2版）』日刊工業新聞社、2016年
- 日原政彦、鈴木裕『機械構造用鋼・工具鋼大全』日刊工業新聞社、2017年
- 黒川高明『ガラスの文明史』春風社、2009年
- 結晶美術館『色材の博物誌と化学』2019年
- 高分子学会 編集『ディスプレイ用材料』共立出版、2012年
- 田中和明『図解入門 最新 金属の基本がわかる事典』秀和システム、2015年
- 顔料技術研究会 編集『色と顔料の世界』三共出版、2017年

- 齋藤理一郎『フラーレン・ナノチューブ・グラフェンの科学』共立出版、2015 年
- S.J. リパード、J.M. バーグ『生物無機化学』東京化学同人、1997 年
- 廣田襄『現代化学史』京都大学学術出版会、2013 年
- 石森富太郎 編集『原子炉工学講座 4　燃・材料』培風館、1972 年
- ヴェ・エム・キルション 著、杉本良吉 訳『すばらしい合金・風の街』改造社、1937 年
- 国立科学博物館『特別展 元素のふしぎ 公式ガイドブック』2012 年
- 国立天文台 編『理科年表 2020』丸善出版、2019 年
- 文部科学省「一家に 1 枚周期表 (第 12 版)」

■論文など

- 二宮修二『土器・陶磁器の語るもの－その化学』"化学と教育" 40 [1], 14-17, 1992
- 谷口康浩『極東における土器出現の年代と初期の用途』"名古屋大学加速器質量分析計業績報告書 (16)", 34-53, 2005-03
- 杉下朗夫『ビールの味』"マテリアルライフ" 7 [2], 45-48, 1995
- 山口晃『ガラスの着色について』"色材" 52 [11], 642-649, 1979
- 曽布川英夫、木村希夫、杉浦正洽『自動車用触媒の構造と特性』"まてりあ" 35 [8], 881-885, 1996
- 高行男『自動車と材料 (第 3 報，材料技術)』中日本自動車短期大学論叢, 49, 2019
- 大田博樹『日本の農薬産業技術史 (1)〜(7)』"植物防疫" 68 [8]-69 [4], 2014-2015
- Anthony T. Tu『化学兵器の毒作用と治療』"日救急医会誌" 8, 91-102, 1997
- 坂本峰至、安武章『魚介類とメチル水銀について』"モダンメディア" 57 [3], 86-91, 2011
- 寺西秀義、西条旨子『タイのカドミウム汚染とイタイイタイ病』"社会医学研究" 30 [2], 55-61, 2013
- 畑明郎『イタイイタイ病の加害・被害・再生の社会史』"環境社会学研究" 6, 39-54, 2000
- 筧有子『絵画における天然染料の活用に関する研究 (1)』"美術教育学研究" 51, 121-128, 2019
- 高木悟『透明導電膜の現状と今後の課題』"真空" 50 [2], 105-110, 2007
- 原田幸明『都市鉱山の可能性と課題』"表面技術" 63 [10], 606-611, 2012
- 増田豊、小林正雄『高耐候性蓄光塗料「HOTARU」の開発』"塗料の研究" 138, 54-59, 2002

執筆担当

左巻健男
第1章：01〜09　第2章：10〜16　第3章：17〜21　第4章：22
第5章：28〜31　第6章：36〜38,40　第7章：44〜46　第8章：49

元素学たん
第4章：23〜27　第5章：32〜35　第6章：39,41〜43　第7章：47〜48
第8章：50〜58

■著者略歴

左巻健男（さまき・たけお）

東京大学非常勤講師。元法政大学生命科学部環境応用化学科教授。
『RikaTan（理科の探検)』編集長。
専門は理科教育、科学コミュニケーション。
1949年生まれ。千葉大学教育学部理科専攻（物理化学研究室）を卒業後、東京学芸大学大学院教育学研究科理科教育専攻（物理化学講座）を修了。中学校理科教科書（新しい科学）編集委員。科学のおもしろさを伝える本の執筆や講演活動を行う日々を送っている。
おもな著書に『絶対に面白い化学入門 世界史は化学でできている』（ダイヤモンド社）、『暮らしのなかのニセ科学』（平凡社新書）、『面白くて眠れなくなる化学』（PHP研究所）、『よくわかる元素図鑑』（田中陵二氏との共著、PHP研究所）、『図解 身近にあふれる「科学」が3時間でわかる本』（明日香出版社）などがある。

元素学たん

SNSやYouTubeにて元素・化学系の投稿を中心に活動中。2013年より「元素周期表同好会」に所属し、京都を中心にイベントスタッフや講演など、化学啓蒙活動を行う。『元素手帳』（化学同人）、『面白くて眠れなくなる元素』（PHP研究所）の制作に協力。Twitterフォロワー数18,000人。国際周期表年2019専門部会に選出。

本書の内容に関するお問い合わせは弊社HPからお願いいたします。

図解　身近にあふれる「元素」が3時間でわかる本

2021年　5月25日　初版発行
2021年　6月10日　第8刷発行

編著者　左巻健男
著者　元素学たん
発行者　石野栄一

〒112-0005 東京都文京区水道2-11-5
電話 (03) 5395-7650（代表）
(03) 5395-7654（FAX）
郵便振替 00150-6-183481
https://www.asuka-g.co.jp

明日香出版社

■スタッフ■ BP事業部　久松圭祐／藤田知子／藤本さやか／田中裕也／朝倉優梨奈／竹中初音
BS事業部　渡辺久夫／奥本達哉／横尾一樹／関山美保子

印刷　美研プリンティング株式会社
製本　根本製本株式会社
ISBN 978-4-7569-2138-3 C0040

身近な疑問が ＼＼ すっきり解消する ∥ 好評シリーズ！

図解 身近にあふれる
「科学」が3時間でわかる本

左巻 健男 編著　本体 1400 円

図解 身近にあふれる
「物理」が3時間でわかる本

左巻 健男 編著　本体 1400 円

図解 身近にあふれる
「生き物」が3時間でわかる本

左巻 健男 編著　本体 1400 円

図解 身近にあふれる
「微生物」が3時間でわかる本

左巻 健男 編著　本体 1400 円